ulmer

Frank und Katrin Hecker

Der große NATURFÜHRER für Kinder

Tiere & Pflanzen

Das steht im Buch

So findest du Tiere und Pflanzen in deinem Naturführer

Der Bestimmungsteil für Tiere beginnt auf Seite 24.

Unter dem Farbbalken findest du die **Tiere mit Fell** (ab Seite 24).

- **Huftiere** wie Hirsch und Wildschwein.
- **Raubtiere**, zu denen Wolf, Fuchs und Marder zählen.
- **Hasen und Nagetiere** wie Feldhase, Eichhörnchen, Biber und Mäuse.
- **Insektenfresser** wie Igel, Maulwurf und Fledermaus.

Die **Größe** oben auf der Seite gibt an, wie lang das Tier vom Kopf bis zum hinteren Ende des Rumpfes (ohne Schwanz) ist.

Unter dem Farbbalken findest du die **Vögel** (ab Seite 68):

- **Enten, Gänse, Storch** & Co.
- **Greifvögel, Eulen, Fasan** & Co.
- **Tauben, Krähen, Spechte** & Co.
- **Amsel, Meise, Fink** & Co.

Die **Größe** oben auf der Seite gibt an, wie lang der Vogel von der Schnabelspitze bis zum Schwanzende ist.

Unter dem ▬ Farbbalken findest du die **Tiere mit Schuppen oder glatter Haut** (ab Seite 108):

- **Reptilien** wie Schlangen, Blindschleiche und Eidechsen.
- **Amphibien**, zu denen Molche, Kröten und Frösche zählen.
- **Fische** mit Aal, Karpfen, Hecht und vielen weiteren.

Die **Größe** oben auf der Seite gibt an, wie lang das Tier von der Maulspitze bis zur Schwanzspitze ist.

Unter dem ▬ Farbbalken findest du die **Krabbeltiere** (ab Seite 128):

- **Insekten** mit 6 Beinen wie Ameisen, Hummeln und Schmetterlinge.
- **Spinnentiere** mit 8 Beinen wie Gartenkreuzspinne, Weberknecht und Zecke.
- **Assel und Tausendfüßer** mit vielen Beinen.
- **Weichtiere** ohne Beine wie **Schnecken und Würmer**.

Die **Größe** oben auf der Seite gibt an, wie lang das Tier ist (gemessen ohne lange Beine oder Fühler).

Der Bestimmungsteil für Pflanzen beginnt auf Seite 182.

Die Blumen findest du sortiert nach der Farbe ihrer Blüten und der Anzahl ihrer Blütenblätter. Die Bäume und Sträucher haben wir nach der Form ihrer Blätter sortiert.

Unter dem Farbbalken findest du die **Blumen** (ab Seite 182):

- mit weißen Blüten.
- mit gelben Blüten.
- mit rosa und roten Blüten.
- mit blauen und violetten Blüten.
- mit grünlichen, unscheinbaren Blüten.

Innerhalb jeder Gruppe sind die Blumen nach der **Anzahl ihrer Blütenblätter** sortiert: von 4 Blütenblättern über 5 Blütenblätter bis hin zu vielen Blütenblättern und schließlich länglich geformten Blüten.
Die **Größe** oben auf der Seite gibt an, wie hoch die Blume wächst.

Unter dem Farbbalken findest du die **Bäume und Sträucher** (ab Seite 216):

- mit **nadelförmigen Blättern** wie Kiefer und Fichte.
- mit **glattem Blattrand** wie Buche und Schmetterlingsflieder.
- mit **gezacktem Blattrand** wie Hasel, Birke und Linde.
- mit **gefiedertem Blatt** wie Holunder, Kastanie und Brombeere.
- mit **gelapptem Blattrand** wie Eiche und Efeu.

Die **Größe** im Farbbalken gibt an, wie lang jeweils ein Blatt ist.

Auf diesem Pfad ist ein Reh gelaufen.

Spuren der Felltiere

Folgt den Wildtierpfaden Schaut genau hin, dann entdeckt ihr, dass Wälder, Wiesen und Flussufer von zahllosen schmalen Wegen durchzogen sind. Das sind meist echte Wildtierpfade. Denn auch viele Wildtiere bevorzugen auf ihren Streifzügen durch die Natur feste Wege – sie geben ihnen Orientierung und so finden sie schnell zurück zu ihrem Versteck. Folgt ihr ruhig und aufmerksam den Pfaden der Wildtiere, so könnt ihr hier viele spannende Entdeckungen machen.

Verdächtige Losung Der Kot der Wildtiere (Wissenschaftler nennen ihn „Losung") ist für Forscher immer ein wichtiger Hinweis darauf, wer hier unterwegs war. Denn tatsächlich hinterlässt jede Tierart eine typisch geformte und unverkennbare Losung. Während Rehe ihre Losung einfach beim Gehen fallen lassen, findet ihr die Losung von Kaninchen immer an ganz festen Plätzen in der Nähe ihrer Baue. Raubtiere wie Fuchs und Fischotter setzen ihre Losung sogar an besonders erhöhten Punkten in der Landschaft ab – damit markieren sie ihr Revier und sagen dem Nachbarn: „Stopp – hier geht es für dich nicht weiter!“

Geheime Fährten Auf schlammigen Pfaden, an feuchten Gewässerufern und auch im frischen Schnee könnt ihr frische Fußabdrücke vieler Wildtiere finden. Während Raubtiere wie Fuchs und Katze Pfotenabdrücke hinterlassen, drücken sich bei Reh und Wildschwein (Zeichnung) immer zwei sogenannte „Schalen“ pro Fuß ab. Denn sie tragen an jedem Fuß statt Zehen je zwei feste Hufe.

Wer hat hier geknabbert? Am Rand von Wildtierpfaden werdet ihr immer auch Fraßspuren der Tiere entdecken können: Im Nadelwald finden sich eigentlich immer von Mäusen oder Eichhörnchen angeknabberte Zapfen, in Hecken geöffnete Nüsse, abgebissene Zweige und abgerupfte Blätter und an Gewässerufern hinterlassen Bisamratten ganze Ansammlungen leergefutterter Muschelschalen. Wo der Biber wohnt, da verraten abgeraspelte und gefällte Bäume seine Anwesenheit.

Jemand zuhause?

Habt ihr am Ende eures Pfades vielleicht sogar einen Bau gefunden? Dachs, Fuchs, Kaninchen, Mäuse und auch der Fischotter bewohnen selbstgegrabene Erdbauten. Wollt ihr wissen, ob jemand darin wohnt? Dann legt einen kleinen Zweig in den Eingangsbereich und schaut beim nächsten Mal, ob er weggeräumt wurde.

Bunt und schillernd: der Eisvogel.

Vögel – singende Dinos

Unter Dinos Schon vor 150 Millionen Jahren, lange bevor der erste Mensch auf der Erde unterwegs war, lebten die Urvögel. Mitten zwischen den Dinos flatterten sie unbeholfen von Baum zu Baum. Richtig fliegen konnten sie wohl noch nicht: Ihr langer Schwanz aus Knochen war zu schwer und ihr Kopf zu groß. Einen Schnabel hatten die Urvögel noch nicht, sondern ein großes Maul mit Zähnen. Doch auch diese Urvögel bauten schon Nester und legten Eier. Sie brüteten die Eier aus und kümmerten sich um ihren Nachwuchs – genau wie unsere Vögel heute.

Zeigt her Eure Schnäbel! Unsere heutigen Vögel haben am Kopf einen Schnabel. Schau dir mal die Schnäbel der Vögeln genauer an: Das sind richtige Werkzeuge. Manche tragen lange Pinzetten am Kopf und manche spitze Dolche. Andere Schnäbel haben scharfe Haken. Es gibt auch welche, die sind wie flache Löffel oder spitze Sägen.

Die spezielle Schnabelform passt dabei immer genau zur Nahrung des Vogels. Vögel fressen Samenkörner, Würmer oder Insekten. Auf dem Speiseplan stehen aber auch Fisch, andere Vögel und Säugetiere.

Getarnt als Rinde Der Eisvogel ist prächtig bunt gefärbt. Baumläufer erkennst du dagegen kaum auf der Baumrinde. Ist das ungerecht?

Nein, schlau! Oft sind die Weibchen ja nicht so hübsch. Dafür sind sie aber sehr gut getarnt! Sie sind es nämlich meist, die auf den Eiern sitzen und brüten. So sind sie für Räuber unsichtbar. Im Winter tragen viele Enten, Möwen und Singvögel ein schlichteres **Winterkleid**. Im Frühling wachsen ihnen pünktlich zur Paarungszeit wieder buntere Federn. Dann sind sie im **Prachtkleid**, mit dem sie ihren Partnern gefallen wollen.

Singen statt Streiten Natürlich haben Vögel auch ein Zuhause. Das kann ein Stückchen Wald sein oder eine Hecke. Auch eine Wiese oder euer Garten sind möglich. Hier baut ein Vogelpaar im Frühling sein Nest, hier sucht es nach Nahrung und zieht seine Küken groß. Dieses Zuhause nennen Vogelforscher **Revier**. Vögel verteidigen ihr Revier gegen andere Vögel. Das machen sie meist ohne Streit: Sie singen einfach. Das heißt: „Dieses Revier ist schon besetzt". Im Herbst geben die meisten Vögel ihre Reviere auf und schließen sich zu Trupps zusammen.

Am Gesang erkannt!

Meist singen nur die Vogelmännchen. Das machen sie auch, um damit ein Weibchen in ihr Revier zu locken. Jede Vogelart hat ihren eigenen typischen **Gesang**. Gute Vogelforscher können dir mit geschlossenen Augen sagen, wo welcher Vogel sitzt! Mit etwas Übung kannst du lernen, die Gesänge voneinander zu unterscheiden. Sehr hilfreich ist hierfür eine Vogelstimmen-CD.

Naturwerkstatt: Nistkasten bauen

Das brauchst du

Material:
- Fichtenbrett, ca. 2,40 m lang, ca. 20 cm breit und 1,7 cm dick (Standardmaß aus dem Baumarkt)
- etwa 20 Nägel, 3,5 cm lang
- drehbarer Schraubhaken
- starker Draht zum Aufhängen

Werkzeug:
- Stichsäge
- Bohrmaschine und Lochbohrer (Durchmesser je nach Größe des Schlupfloches)
- Hammer, Holzfeile und Holzraspel
- Bleistift und Radiergummi
- Zollstock und Lineal

Zeichne den Umriss der einzelnen Teile mit dem Bleistift auf das Brett, Vorsichtshalber nochmals nachmessen! Nun kannst du die Einzelteile aussägen und raue Sägekanten mit der Holzfeile glatt raspeln.

Mit der Holzraspel raust du die Innenwand der Vorderseite auf. So können die Jungen den Kasten später leichter verlassen. Mit dem Holzbohrer bohrst du 4 Löcher (Durchmesser etwa 8 mm) in die Bodenplatte. Sollte es drinnen einmal feucht werden, ist dies die Belüftung.

Sind alle Teile fertig, setze sie einmal zur Probe locker zusammen. Passt alles? Falls nicht, kannst du jetzt die Teile noch nacharbeiten.

Zeichne das Einflugloch auf die Vorderwand auf. Mit dem Lochbohrer wird nun das Einflugloch herausgebohrt. Fehlt dir ein solcher Aufsatz, geht es notfalls auch mit der Stichsäge (erst ein kleines Loch für den Anfang bohren).

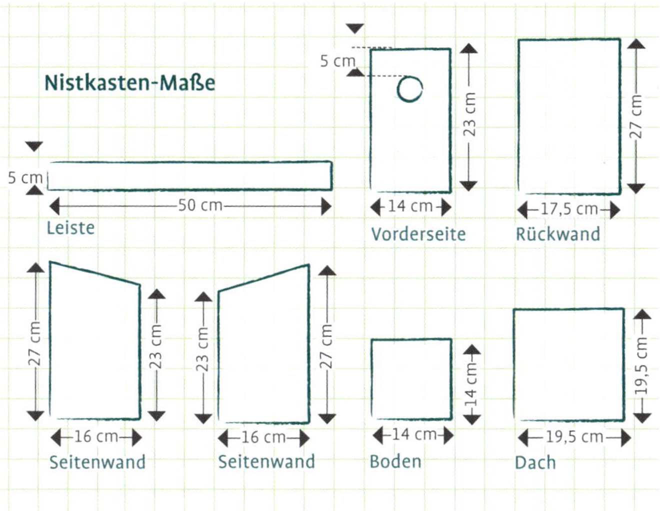

Zuerst vernagelst du die Seitenwände und die Rückwand mit dem Boden. Dann setzt du das Dach darauf und nagelst es fest.

Zum Schluss nagelst du die Vorderwand zwischen die Seitenwände – aber nur mit zwei Nägeln oben unter dem Dach. So kannst du die Wand später zum Reinigen nach oben klappen! Prüfe, ob sie sich auch wirklich klappen lässt, ohne am Dach hängenzubleiben.
Im unteren Teil sicherst du die Klappe mit einem drehbaren Schraubhaken.

An der Rückseite des Kastens bringst du die Leiste zum Aufhängen am Baum an.
Ganz oben bohrst du ein Loch durch, daran befestigst du den Aufhängedraht.

Und wer passt da durch?

Mit der Größe des Einfluglochs entscheidest du, wer in deinen Nistkasten einziehen kann.
26–28 mm: Blaumeise, Sumpfmeise, Tannenmeise, Feldsperling
32–34 mm: Kohlmeise oder Kleiber
45 mm: Star
32 mm breit und 48 mm hoch: Gartenrotschwanz

Kein Außerirdischer, sondern ein junger Feuersalamander. Zum Atmen unter Wasser trägt er Kiemenbüschel am Kopf.

Fisch, Frosch und Schlange

Fische Schon vor 450 Millionen Jahren, lange bevor es Vögel und Säugetiere gab, schwammen Fische in Seen und Meeren unseres Planeten herum. Fische sind Tiere mit Kiemen und Schuppen, die nur im Wasser leben können. Ihre Eier legen sie auch ins Wasser. Manche Fische wie der Stichling bewachen und beschützen ihre Eier sogar und wedeln ihnen fleißig frisches Wasser zu.

Viele Fische haben ganz spezielle Angewohnheiten und Bedürfnisse: Die Bachforelle kann nur in kalten, klaren Bächen leben. Der Aal schwimmt, um sich fortzupflanzen, 7000 km quer durch die Weltmeere und der Hecht verteidigt ein festes Revier, in dem er jeden Schilfhalm kennt und Eindringlinge vertreibt.

Amphibien **„Amphibios"** ist griechisch und setzt sich zusammen aus den Wörtern „amphi" (= „Doppel") und „bios" (= Leben). Das verrät auch schon das wichtigste über Frösche, Kröten, Molche und Salamander: sie alle führen ein

heimliches **Doppelleben**. Halb im Wasser und halb an Land. Ihre Eier legen sie in Teiche oder Bäche. Daraus schlüpfen kleine Larven, die noch eher an Fische erinnern, durch Kiemen Luft holen und nur im Wasser leben können. Schließlich wachsen ihnen Arme, Beine und Lungen (wie dem Laubfroschkind im Foto) und sie gehen auch zum Landleben über. Aber auch ihre Landlebensräume sind immer feucht – oder die Tiere bewegen sich lieber nur nachts, wenn es kühl und feucht draußen ist. Denn Amphibien haben eine dünne, empfindliche Haut, die in der Sonne schnell austrocknet.

Reptilien **„Reptere"** kommt aus dem Lateinischen und bedeutet „kriechen". Deshalb werden Eidechsen, Schlangen und Schildkröten auch **Kriechtiere** genannt. Typisch für alle Kriechtiere ist ihre trockene Haut, die von festen Schuppen bedeckt ist. Reptilien halten sich gern in heißen, trockenen Lebensräumen auf, manche unter ihnen baden und tauchen aber auch sehr gern und gut, wie zum Beispiel Ringelnatter und Sumpfschildkröte.

Landeier Anders als Amphibien legen Reptilien ihre Eier an Land ab. Die Weibchen graben ihre Eier einfach in Erde oder Sand ein und überlassen sie dann sich selbst. Daraus schlüpfen dann winzig kleine aber bereits fertig entwickelte Eidechsen, Schildkröten oder Schlangen (im Foto: Eier der Ringelnatter).

Der Riese unter den Landtieren ...

... lebte vor 45 Millionen Jahren und war ein Reptil. Der pflanzenfressende Dino war 7 Stockwerke hoch, 40 Meter lang und wog so viel wie 14 Elefanten!

Naturwerkstatt: Forscherkescher – fix gebaut

Wasserforscher keschern mit stabilen Drahtkeschern, die sich nicht so leicht zwischen Ästen und Wasserpflanzen verheddern und zerreißen. Gute Dienste leisten stattdessen auch Küchensiebe aus Metall (frag vorher deine Mutter). Um auch weiter vom Ufer entfernt keschern zu können oder um Tiere in tieferen Gewässern zu fangen befestigst du einfach einen Stock beliebiger Länge an einem großen Küchensieb – fertig ist dein Forscher-Kescher!

Das brauchst du
Ein großes Küchensieb
2 Schlauchschellen
Einen Stock
Schraubenzieher
Evtl. etwas Isolier-Klebeband

So geht es Drehe die beiden Schlauchschellen mit dem Schraubenzieher ganz weit auf und schiebe sie über den Stock. Stecke den Stiel des Siebes ganz unter die beiden Schlauchschellen. Ziehe die Schrauben an den Schlauchschellen ganz, ganz fest zu.

Damit die Schrauben nirgendwo hängen bleiben, kannst du sie zum Schluss noch mit Isolierband umwickeln.

Tipps

- Am einfachsten gelingt der Kescherbau mit einem Helfer zum Festhalten.
- Je länger der Stock, umso weiter kannst du vom Ufer aus keschern – doch umso schwerer wird der Kescher auch!
- Wenn du kein rostfreies Küchensieb benutzt, so lasse es nicht längere Zeit draußen stehen, sonst wird es verrosten.

Und wie fange ich Fische?

Fische sind mit einem Kescher nur schwierig zu ergattern – sie sind einfach zu schnell weg. Sehr gut funktioniert es mit einem Hebenetz, auch „Senke“ genannt. Dieses Netz wird einfach an einem langen Stock auf den Gewässergrund abgesenkt und dort liegengelassen, bis Fische darüber schwimmen. Dann hebst du das Netz zügig hoch und aus dem Wasser. Auf Seite 125 kannst du so eine Senke sehen. Du bekommst sie in Zoo- und Anglergeschäften.

Typisch Insekt: 4 Flügel und 6 Beine!

Welches Krabbeltier ist das?

Käfer, Spinne oder Tausendfüßer? Wenn du die Beine eines Krabbeltieres zählst, weißt du gleich, zu welcher Gruppe es gehört. So haben Insekten immer 6 Beine und Spinnen 8 Beine. Gar keine Beine haben Würmer und Schnecken. Und dann gibt es noch Tausendfüßer und Asseln mit sehr vielen Beinpaaren!

Schnecke & Wurm: Keine Beine Wer sich schlängelnd oder kriechend fortbewegt, der braucht keine Beine. Zu diesen kriechenden Tieren zählen alle Schnecken und Würmer.

Insekten: 6 Beine ... und meistens Flügel! Alle Insekten haben 3 Beinpaare, also insgesamt 6 Beine.

Die meisten besitzen außerdem **4 Flügel** wie Schmetterlinge, Libellen, Heuschrecken, Käfer, Bienen und Wespen. Viele haben auch nur **2 Flügel**: zum Beispiel Fliegen und Mücken.

Manche Insekten wie der Ohrwurm haben aber auch **gar keine Flügel**. Du erkennst sie trotzdem – an ihren 6 Beinen!

Spinnentiere: 8 Beine

Alle Spinnentiere tragen 8 Beine. Viele Spinnen bauen Netze zum Beutefang, aber nicht alle! Manche jagen auch frei am Boden umherlaufend oder warten einfach, bis Beute von selbst vorbeikommt. So ist die Zecke mit ihren 8 Beinen ebenfalls ein Spinnentier und auch der Weberknecht mit seinen sehr langen Beinen. Spinnen haben **niemals Flügel**.

Tausendfüßer & Assel: viele Beine Viele Krabbeltiere mit mehr als 8 Beinen werden „Tausendfüßer“ genannt. Das ist allerdings etwas übertrieben, denn keines davon hat wirklich tausend Füße! Zu diesen „Tausendfüßern“ zählen die eigenartigen Schnurfüßer, die aussehen wie krabbelnde Schnürsenkel, und auch die räuberischen, also andere Kleintiere fressenden, schmerzhaft zwickenden Steinkriecher. Mehr als 8 Beine haben auch Asseln – die einzigen dauerhaft landlebenden Krebse! Krabbeltiere mit mehr als 8 Beinen tragen **niemals Flügel**.

Würmer mit 6 Beinen?

Oft kannst du wurmähnliche Tiere finden, die 6 Beine tragen, aber wirklich nicht aussehen wie ein Schmetterling, Käfer oder eine Biene. Bestimmt hast du hier eine Larve entdeckt. Larven heißen die Kinder der Insekten. Sie sehen oft ganz anders aus als ihre Eltern, wie zum Beispiel die Raupe des Schmetterlings oder die Larve des Gelbbrandkäfers auf Seite 146.

In diesem Eichenblatt liegen viele Kraftwerke.

Bäume machen Luft

Ohne Blätter könnte ein Baum nicht leben und wachsen. Denn in seinen Blättern stellt er die Grundstoffe für sein Holz, die Rinde und Wurzeln her. Für uns Menschen leistet ein Baum dabei unschätzbare Dienste: Über kleine Öffnungen an der Unterseite seiner Blätter saugt er schlechte Luft (Kohlendioxid) ein und wandelt diese in den Blättern zu Sauerstoff um, den wir Menschen zum Atmen brauchen. Auch die schützende Ozonschicht, die unsere Erde umgibt, besteht aus Sauerstoff. Sie schützt das Leben auf der Erde vor schädlichen Strahlen.

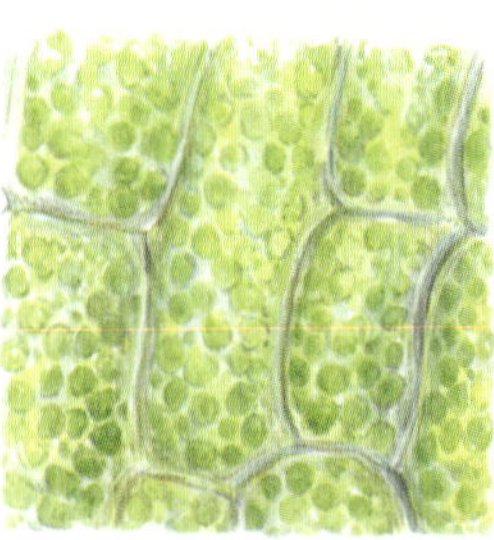

Grün ist das Leben Unter dem Mikroskop siehst du in einer Pflanzenzelle lauter grüne Punkte, die sogenannten Chloroplasten. Das sind die wichtigsten Fabriken unserer Erde, denn nur sie sind in der Lage, unter Nutzung des Sonnenlichts energiereiche Stoffe wie Zucker und Stärke herzustellen. Dazu brauchen sie bloß Wasser und ein paar Nährsalze, die der Baum mit den Wurzeln aus der Erde saugt, außerdem Kohlendioxid (CO_2) aus der Luft und viel Sonnenlicht. Aus diesen Zutaten bauen sie Holz, Knospen und Blätter auf. Diesen Vorgang bezeichnet man als „Fotosynthese". Chloroplasten sind übrigens die saubersten Fabriken der Welt: Ihre „Abfallstoffe" sind bester Luftsauerstoff und reines Wasser!

Warum werden die Blätter gelb?

Im Herbst werden die Blätter der Laubbäume gelb, orange, rot oder braun. So bereitet sich der Baum auf den Winter vor: Die wertvollen grünen Farbstoffe hat der Baum aus seinen Blättern herausgezogen – übrig bleiben nur noch Rot- und Brauntöne. Die grünen Farbstoffe speichern Bäume bis zum nächsten Frühling in ihrem Holz. Die orange-braunen Blätter brauchen sie nicht mehr und werfen sie ab. Das ist besser so, weil es im Winter, wenn die Böden gefroren sind, nicht mehr genug Wasser zu trinken gibt. Blätter brauchen aber viel Wasser. Sonst müssten unsere Laubbäume im Winter verdursten.

So viel Atemluft

Eine 100-jährige Buche gibt mit ihren 500 000 Blättern pro Stunde 1,7 kg Sauerstoff an die Luft ab. Das ist soviel, wie 50 Menschen brauchen, um eine Stunde lang zu atmen.

Naturwerkstatt: Dein persönliches Bäumebuch

Sammelst du auch so gern? Dann sammle doch bei deinen nächsten Streifzügen durch die Natur Blätter, Blüten und auch Früchte von Bäumen und Sträuchern. Weißt du zuhause noch, welche Früchte und Blüten zu welchen Blättern gehören? Und kannst du die richtige Art hier im Bestimmungsbuch wiederfinden?

Aus deinen gesammelten Schätzen kannst du dir ein ganz persönliches Bäume- und Sträucher-Buch basteln. Dazu kannst du die Blätter einfach in einem alten Telefonbuch pressen und trocknen und anschließend auf ein Blatt Papier kleben und beschriften. Etwas künstlerischer wird es, wenn du Blattabdrücke mit Wachsstiften oder Tusche herstellst. Von den Blüten und Früchten kannst du Zeichnungen anfertigen oder vielleicht auch ein Foto machen und dazulegen.

Blätter durchrubbeln

Ganz einfach und schnell bekommst du einen Blattabdruck mit Wachsmalstiften hin. Lege das Blatt mit seiner Unterseite nach oben (so dass die hervorstehenden Blattadern nach oben zeigen) auf eine feste Unterlage und lege ein Blatt weißes Papier darüber.

Fahre mit der breiten Seite des Wachsmalstiftes vorsichtig über das Papier. Wie durch Zauberhand erscheinen nach und nach alle Blattstrukturen auf deinem Zeichenpapier.

Blätterdruck Drucken mit Blättern und Tusche sieht toll aus und macht viel Spaß! Dazu bemalst du die Rückseite der Blätter mit Tusche und drückst sie möglichst ohne zu verwackeln auf Karton oder Zeichenpapier. Wenn du statt Tusche Stoffmalfarbe benutzt, kannst du die Blattabdrücke auch auf einer Tischdecke oder einem Kissen verewigen.

Rindenfrottage Die Rinde eines Baumes „sammelst" du am besten mit einer Rindenfrottage: Dazu legst du ein Zeichenpapier auf die Rinde und rubbelst nun sehr vorsichtig mit einem möglichst breiten Wachsmalstift die Strukturen der Rinde durch.

Knospen entdecken

Auch im Winter kannst du an deinem Bäumebuch basteln: Schau dir die Zweige mal genauer an – sie tragen schon jetzt Knospen für den kommenden Frühling. Jeder Baum und jeder Strauch hat ganz typische Knospen, die in einer bestimmten Art und Weise angeordnet sind. Nimmst du einen kleinen Zweig mit nach Hause, so kannst du ihn mit seinen Knospen für dein Buch abzeichnen.

Von der Wurzel bis zur Blüte

Blumen sind lebenswichtig Die indianischen Völker betrachten Pflanzen als heilig, da sie Vermittler zwischen Himmel und Erde sind: Aus der Erde ziehen sie Nährstoffe und Wasser, mit ihren Stängeln und Blättern weilen sie unter uns Menschen und ihre Blüten recken sie hoch ans Licht, zur Sonne, dem Himmel entgegen.

Ob heilig oder nicht, ohne Pflanzen könnten wir Menschen nicht überleben. Manche von ihnen liefern wichtige Arzneimittel, andere wie der Weizen sorgen dafür, dass wir Brot zu essen haben. Außerdem sind viele Pflanzen für Tiere eine wichtige Nahrungsquelle. Ohne diese vielen grünen Lebewesen könnte keine Kuh überleben, es gäbe keine Schmetterlinge und Bienen – und auch keinen Honig.

Warum gibt es Blüten?
Fast alles in der Natur hat seinen Nutzen: Wenn du dir eine Blüte von ganz Nahem anschaust, siehst du, dass sie aus viel mehr besteht, als nur aus den großen, bunten Blütenblättern!

Im Inneren jeder Blüte findest du viele kleine

Es gibt viele verschiedene Blütenformen und -farben.

Ihre bunten Blütenblätter braucht die Blume, um damit Insekten zur Bestäubung anzulocken.

Staubbeutel: Das sind die männlichen Geschlechtsorgane, in denen winzige Pollenkörner heranreifen. Genau in der Mitte der Blüte sitzt das weibliche Geschlechtsorgan – der **Fruchtknoten** mit Griffel und Narbe. Gelangt männlicher Pollen auf den weiblichen Fruchtknoten, so wachsen darin die Samen der Blume heran.

Die Blüte dient also der Vermehrung: Aus jedem Samenkörnchen kann eine neue Blume heranwachsen.

Wozu ist die Wurzel da? Mit der Wurzel hält sich eine Blume im Boden fest. Die Wurzel kann aber noch mehr: Sie saugt Wasser und Nährstoffe aus der Erde, die jede Pflanze zum Wachsen braucht.

Manche Blumen wie der Löwenzahn haben lange, tief in die Erde reichende Pfahlwurzeln. Damit können sie auch bei Trockenheit wertvolles Wasser tief aus der Erde ziehen. Dicke Wurzelknollen wie bei der Seerose (Seite 192) können im Sommer viele Nährstoffe speichern, die im nächsten Frühjahr gebraucht werden.

Wozu brauchen Pflanzen Blätter? Ihre wichtigste Aufgabe ist es, das Sonnenlicht und die Luft einzufangen! Denn aus den 4 Zutaten – Nährsalze, Wasser, Sonnenlicht und Luft – stellt die Pflanze wertvollen Zucker her, den sie zum Wachsen und Blühen braucht.

Das geschieht in kleinen Mini-Kraftwerken in den Blättern, die man mit bloßem Auge nicht sehen kann. Diese Kraftwerke nennen Wissenschaftler **Blattgrün** oder **Chlorophyll** und den Vorgang, bei dem der Zucker entsteht, heißt **Fotosynthese**.

Welche Aufgabe hat dann der Stängel? Der Stängel einer Pflanze transportiert das Wasser und die Nährstoffe aus dem Boden hoch in die Blätter, damit der Zucker hergestellt werden kann. Diesen schafft er dann an die Stellen, wo Zucker zum Wachsen gebraucht oder gespeichert wird.

180 – 250 cm

Rothirsch

Typisch Sehr große, kräftige Hirschart mit rotbraunem Sommerfell. Männchen mit verzweigtem Stangengeweih.

Groß und gut versteckt Tagsüber sind Rothirsche praktisch nie zu sehen, denn dann ruhen sie gut versteckt im Dickicht der Wälder. Erst in der Dämmerung kommen sie heraus, um auf Wiesen, Äckern und Waldlichtungen nach Nahrung zu suchen: Gräser, Blätter, Knospen, Rinde, Eicheln und andere Baumfrüchte zählen zu ihrem natürlichen Speiseplan, aber Rothirsche mögen auch vom Menschen angebaute Feldfrüchte wie Kartoffeln und Rüben.

Kleine Geweihkunde

Nur die männlichen Rothirsche tragen ein Geweih, das sie jedes Jahr abwerfen. Bald darauf wächst ihnen ein etwas größeres Geweih. Einjährige besitzen noch unverzweigte Spieße. Mit jedem Jahr wächst die Zahl der Enden. Mit 10 bis 14 Jahren ist das Geweih am verzweigtesten.

Spuren: links gehend, rechts fliehend.

Jedes Jahr wächst dem Hirsch ein größeres Geweih.

Familienbande Bei den Rothirschen leben Kühe (die Weibchen) und Kälber (die Jungtiere) in Rudeln von 30 bis 100 Tieren zusammen. Die jungen Männchen bilden eigene, kleinere Männerrudel. Die alten Hirsche sind meist Einzelgänger. Nur einmal im Jahr, zur Herbstbrunft, treffen sie sich, um laut röhrend und stampfend gegeneinander anzutreten. Sie kämpfen und rangeln mit ihren Geweihen und wer gewinnt, der ist der neue „Platzhirsch“.

Rothirsch-Mutter mit getüpfeltem Kalb.

100 – 130 cm

Reh

Typisch Im Sommer rotbraun, im Winter graubraun. Der Rehbock trägt ein nur 30 cm langes Geweih.

Reh überall Rehe sind nicht nur die kleinsten, sondern auch die häufigsten hirschartigen Tiere unserer Landschaften. Sie leben überall, wo Wälder an Felder und Hecken grenzen, manche dringen sogar auf Friedhöfe und in Gärten vor. Dabei sind Rehe richtige Feinschmecker: Sie brauchen eine abwechslungsreiche Kost aus Knospen, Kräutern, Samen, Blüten, Gräsern und Rinde. Im Mai und Juni werden die Rehkitze geboren.

Bitte nicht „helfen“!

Wenn Rehmütter auf Nahrungssuche gehen, dann ist es oft sicherer, wenn sich ihr Kitz im Gebüsch versteckt und wartet, bis die Mutter zurückkehrt, um es zu säugen. Solche Rehkitze sind nicht verlassen und dürfen keinesfalls mitgenommen werden!

Sein Geweih hat höchstens drei Enden pro Seite.

Meine Mama kommt gleich wieder!

Auf Fährtensuche Tagsüber wirst du nur sehr selten wildlebende Rehe zu Gesicht bekommen, denn dann verstecken sie sich in Wäldern und Gebüschen. Trotzdem kannst du genau erkennen, ob hier ein Reh zuhause ist: Achte auf die kugeligen, 1–1,5 cm großen Kotbeeren am Boden. Ist der Boden schlammig und feucht, so wirst du auch Abdrücke ihrer Hufe finden. Sie ähneln denen des Rothirsches (Seite 24), sind aber nur 4–6 cm lang.

Hier hat ein Reh seine Losung hinterlassen.

100 – 180 cm

Wildschwein

Typisch Massiger Körper, Rüsselnase, kleine Augen und Borstenpelz.

Keine Streicheltiere! Wildschweine haben sich mancherorts sehr an Menschen gewöhnt. Sie kommen sogar in Parks und Gärten und manche lassen sich auch füttern. Aber aufgepasst! Insbesondere Wildschweinmütter werden bei Annäherung an ihre gestreiften Frischlinge sehr aggressiv und greifen auch Menschen furchtlos an! Deshalb immer Abstand zu Wildschweinen halten – sind sie auch noch so niedlich und zutraulich.

Werde zum Fährtenleser

Wo Wildschweine waren, da findest du garantiert auch ihre Spuren. Die Fußabdrücke von Wildschweinen sind denen der Hirsche ähnlich (Seite 24), doch neben den beiden großen Schalen sieht du auch immer noch den Abdruck zweier kleinerer Hinterzehen.

Typische Wildschwein-Fußspur.

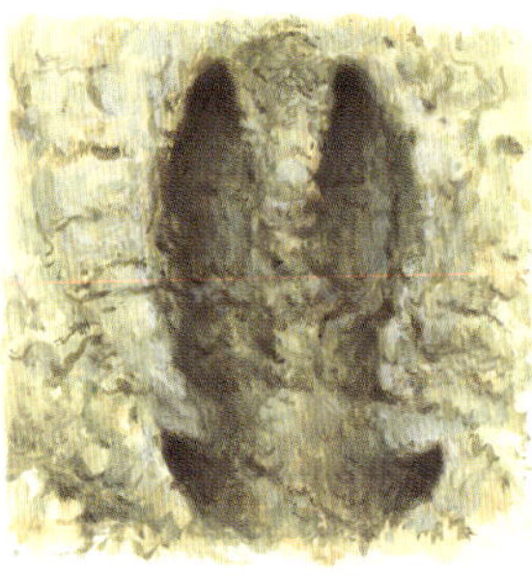

Keiler mit
herausragenden Eckzähnen.

Leben in der Rotte Wildschweine leben sehr gesellig in „Rotten“, die meist aus 5 bis 10 Tieren bestehen. Eine Rotte kann aber auch bis zu 50 Tiere umfassen. Die Führung übernimmt das älteste Weibchen. Männchen dürfen nur bis zu einem Alter von 1 1/2 Jahren in der Rotte bleiben, danach ziehen sie noch eine Weile gemeinsam umher. Ältere Keiler sind aber Einzelgänger, die nur zur Paarungszeit in der Nähe der Rotte geduldet werden.

Wühlen mit dem Rüssel nach Essbarem.

100 – 160 cm

Wolf

Typisch Wie ein großer, grauer Schäferhund, aber mit längeren Beinen, breiterem Kopf und kleineren Ohren.

Gibt's bei uns Wölfe? Früher waren Wölfe in ganz Mitteleuropa weit verbreitet. Aber Jäger rotteten den Wolf vor 150 Jahren bei uns aus. Und doch gibt es heute wieder Wölfe in manchen unserer Wälder. Wo kommen sie her? Diese Wölfe wandern aus Nachbarländern wie Polen zu uns herüber und haben auch schon kleine Rudel gegründet. Ob sie bei uns überleben, kommt darauf an, ob die Menschen sie schützen oder jagen.

Vom kleinen zum großen Wolf

Wolfswelpen werden liebevoll umsorgt: Nicht nur die eigenen Eltern kümmern sich um sie, sondern auch ihre Geschwister vom letzten Jahr. Mit 2 oder 3 Jahren verlassen sie das elterliche Rudel und wandern fort, um ein eigenes Revier zu besetzen.

Stimmen sich mit Heulen auf die Jagd ein.

Im Spiel lernen sie fürs Leben.

Wolfsrudel Am wohlsten fühlt sich der Wolf im Rudel – genau wie sein Nachfahre, unser Haushund, für den wir als Familie das Rudel darstellen. Im Wolfsrudel wird gemeinsam gejagt, gefressen, gespielt und natürlich auch gestritten. Und wenn große und kleine Wölfe müde sind, dann kuscheln sie sich eng aneinander und geben sich Schutz und Wärme. Ein Wolf würde freiwillig nicht allein sein wollen – genau wie unsere Hunde.

Wölfe tun am liebsten alles gemeinsam.

80 – 120 cm

Luchs

Typisch Große, hochbeinige Katze mit kurzem Stummelschwanz. Etwa so groß wie ein Schäferhund. Auffallend sind die schwarzen Pinsel an den Ohren.

Große Wälder, viele Rehe Luchse brauchen viele Versteckmöglichkeiten, denn sie sind sehr scheu. Deshalb kommen sie auch nur in großen Wäldern vor. In Mitteleuropa finden Luchse hauptsächlich in den Bergwäldern der Alpen geeignete Lebensräume. Natürlich muss es hier auch genügend Wild zum Jagen geben: Luchse erbeuten Tiere von der einer Maus bis hin zum Elch. Ihre Hauptbeute bei uns sind Rehe.

Sind Luchse gefährlich?

Uns Menschen werden Luchse niemals gefährlich! Der Mensch wird vom Luchs nicht als Beutetier angesehen und außerdem haben Luchse große Scheu vor dem Menschen. Deshalb kannst du auch in Wäldern, wo Luchse leben, ganz unbesorgt spazieren gehen.

Luchskinder haben meist 2 bis 3 Geschwister.

Wildkatze

Typisch Sehr ähnlich einer grau getigerten Hauskatze, jedoch mit buschigerem, geringeltem Schwanz.

Braucht ungestörte Wildnis Wildkatzen brauche große, wilde Wälder, in denen sie umherstreifen, auf Wühlmausjagd gehen und ungestörte Verstecke finden können. In Mitteleuropa ist die Wildkatze daher selten und nur in wenigen Waldgebieten wie im Schwarzwald, auf der Schwäbischen Alb und im Odenwald zuhause. Zur Geburt ihrer Jungen braucht die Wildkatze einsam gelegene Verstecke in Baumhöhlen oder Felsen.

Im April und Mai werden Wildkatzchen geboren.

Woher kommt unsere Hauskatze?

Obwohl die nordische Wildkatze unseren Hauskatzen zum Verwechseln ähnlich sieht, stammen diese doch nicht von ihr ab. Die Stammform unserer Hauskatze ist die afrikanische Falbkatze, sie wurde von den Römern aus Ägypten nach Europa gebracht.

40 – 65 cm

Waschbär

Typisch Plumper Körper mit „Katzenbuckel", kurzen Beinen, buschigem Ringelschwanz und schwarzer Räubermaske.

Kleiner Bär aus Amerika Der Waschbär zählt tatsächlich zur Familie der sogenannten Kleinbären. Sein ursprüngliches Zuhause liegt in Nordamerika, von wo aus er nach Europa gebracht wurde. Mancherorts setzte man ihn mit Absicht in freier Natur aus, anderswo ist er aus Pelztierfarmen entkommen. Heute leben viele Waschbären in Europa. Auch Ortschaften besiedeln sie gern, worüber sich nicht alle Menschen freuen.

Was wäscht der Waschbär?

In Wildparks kannst du häufig beobachten, wie Waschbären am Wasser sitzen und ihre Nahrung „waschen". Dabei handelt es sich aber nur um ein intensives Abtasten der Beute: Jede Schnecke, jeder Wurm wird vor dem Fressen ausgiebig untersucht.

Pfotenabdrücke im Uferschlamm.

Der Allesfresser auf nächtlicher Müllsuche.

Rumpelt auf Dachböden Waschbären mögen gemütliche, trockene Höhlen, am besten mit einer reich gefüllten Speisekammer in der Nähe. Da sie nicht sehr menschenscheu sind, ziehen sie so mit Vorliebe auf Dachböden und in Scheunen ein. Nachts kommen sie hervor, räumen Mülltonnen aus, bedienen sich am Gartenobst oder stehlen Eier aus Hühnerställen. Deshalb sind Waschbären keine gern gesehenen Untermieter.

Untersucht seine Mahlzeit sorgfältig.

60 – 80 cm

Rotfuchs

Typisch Rotbraunes Fell mit weißem Lätzchen, relativ kurze Beine und dicker, buschiger Schwanz.

Schlauer Fuchs Ob an der Meeresküste, in Bergwäldern oder zwischen Dörfern, Feldern und Wiesen: der Fuchs ist praktisch in jedem Lebensraum zuhause und kommt sogar in Großstädten bestens zurecht. Tagsüber rollt er sich in einem Versteck zusammen, erst in der Dämmerung kommt er hervor, um auf Mäusejagd zu gehen. Daneben erbeutet er auch Würmer, Insekten und Vögel oder frisst Aas und im Herbst hauptsächlich Beeren.

Der Eingang zum unterirdischen Fuchsbau.

Spur eines schnürenden Fuchses.

Blinde Jagd Füchse gehen ja überwiegend in der Dunkelheit auf Jagd, deshalb brauchen sie einen hervorragenden Gehörsinn. So sind Füchse sogar in der Lage, Regenwürmer zu hören, die sich an der Erdoberfläche bewegen, und Mäuse zu orten, die sich unter einer 30 cm dicken Schneedecke bewegen. Dass Füchse auch ohne zu sehen zurechtkommen bewies ein in England geborener, blinder Stadtfuchs, der sich sogar erfolgreich fortpflanzte.

Rangeln ist ein beliebtes Fuchsspiel.

Perlenkette im Schnee

Auf verschneiten Feldern findest du häufig Pfotenabdrücke, die wie eine Perlenkette hintereinander aufgereiht sind. Beim sogenannten „Schnüren" setzt der Fuchs seine Vorder- und Hinterpfoten genau ineinander und schnurgerade hintereinander.

60 – 80 cm

Dachs

Typisch Plump mit kurzen Beinen und kleinem Kopf mit zwei schwarzen Längsstreifen.

Nächtlicher Räuber Am wohlsten fühlt sich der Dachs am Waldrand: So kann er gut versteckt im Gewirr der Bäume seine unterirdischen Gänge und Höhlen graben und zur Nahrungssuche auf Feldern und Wiesen umherstrolchen. Tagsüber ruht der Dachs in seiner Höhle, nachts geht er auf Beutesuche. Als typischer Allesfresser nimmt er das, was gerade im Überfluss vorhanden ist, ob Würmer, Insekten, Schnecken, Pilze oder Früchte.

Nur der Dachs gräbt solche Rutschen am Eingang.

Die meiste Zeit verbringt der Dachs unter der Erde.

Unterirdische Burg Die Dachshöhle hat nicht nur einen Ein- und Ausgang, sondern gleich mehrere, je nachdem, wie lange die Höhle schon existiert. Denn Dachsbaue werden über viele Generationen hinweg von mehreren Tieren bewohnt und immer weiter ausgebaut, bis es richtige unterirdische Burgen sind. So fand man bereits Dachsburgen mit mehr als 60 Röhren in verschiedenen Etagen und mit über 25 verschiedenen Zimmern! Diese werden gemütlich mit Gras und Laub ausgepolstert.

Dachsspur: rechts Vorder-, links Hinterfuß.

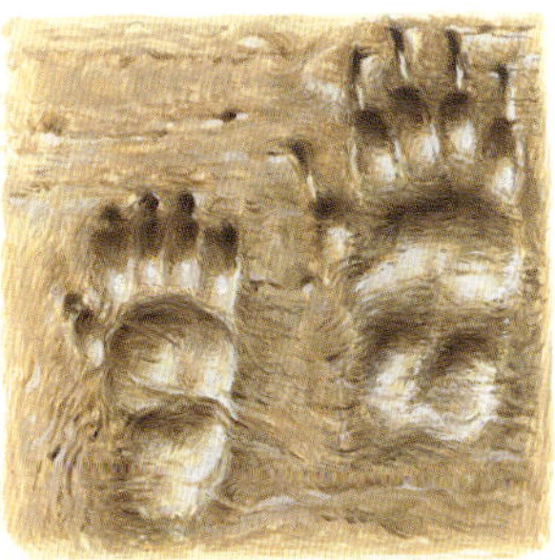

Werde zum Spurendetektiv

Dachsspuren kannst du nicht mit Fuchs- oder Hundespuren verwechseln. Denn im Gegensatz zu diesen drücken sich beim Dachs alle 5 Zehenballen ab (nicht nur 4). Zusätzlich siehst du immer auch Abdrücke seiner langen Krallen – besonders am breiteren Vorderfuß.

50 – 90 cm

Fischotter

Typisch Langer, schlanker Körper, langer Schwanz, kurze Beine und kleiner Kopf. Immer am Wasser.

Toller Tauchanzug Während Steinmarder, Iltis und unsere anderen Marder an Land leben, hat sich der Fischotter darauf spezialisiert, im Wasser nach Nahrung zu suchen. Dazu hat er ein extrem dichtes, eng anliegendes Fell, das wie ein wärmender Taucheranzug wirkt. Damit kann er sogar im Winter an offenen Eislöchern nach Fischen tauchen. Leider finden auch Menschen diesen Pelz sehr schön und deshalb wurde der Otter früher stark verfolgt.

Diese Spuren enden meistens an einem Wasserloch!

Zum Beutefang brauchen Fischotter klares Wasser.

Gesucht: Natürliche Flüsse Fischotter bewohnen sehr große Reviere – ein Otterrevier kann sich über eine Flusslänge von 40 km erstrecken! Wichtig sind flache Uferzonen und ein abwechslungsreich gestaltetes, natürliches Flussufer, wo der Fischotter Verstecke für sich und seine Jungen findet. Da Fischotter nachtaktiv sind, begegnet man ihnen in freier Natur so gut wie nie – aber ihre Spuren verraten sie doch!

Auf weichen Böden drücken sich die Schwimmhäute mit ab.

Streng geschützt

In weiten Teilen Mitteleuropas ist der Fischotter vom Aussterben bedroht. Das liegt daran, dass er über Jahrhunderte stark bejagt wurde und heute außerdem viele Bäche nicht mehr natürlich fließen oder zu schmutzig sind. Heute steht der Otter unter Naturschutz.

40 – 50 cm

Steinmarder

Typisch „Weißkehlchen“: trägt ein weißes Lätzchen (der ähnliche Baummarder hat eine gelb-orange Kehle).

Hausmarder … Dieser Marder lebt am liebsten in menschlicher Gesellschaft. Seine Höhle findet er im Gerümpel auf Dachböden oder in Scheunen, hier verschläft er warm und gemütlich den Tag. Erst abends wird er munter und geht auf Mäusejagd. Er futtert aber auch gern Gartenobst, Abfälle und stiehlt Eier und sogar ganze Hühner. So kommt es, dass sich nicht jeder über einer Marder im Haus freut.

Steinmarder lieben Eier.

Autos sind beliebte Marder-Spielplätze.

... mit guter Erziehung! Mit 3 Monaten dürfen junge Steinmarder zum ersten Mal ihre Mutter auf ihren Exkursionen begleiten. Sie zeigt ihnen, was gut schmeckt und wo sie es finden können. Auch Verkehrserziehung gehört selbstverständlich mit dazu: Am Anfang führt sie jedes Junge einzeln über die Straße. Erst wenn sie das gelernt haben, dürfen ihr alle Jungen hintereinander folgen.

Typische Spuren auf der Motorhaube.

Krawall auf Dachböden

Im Juli geht es nachts hoch her im Steinmarderquartier, denn nun ist Paarungszeit. Männchen und Weibchen liefern sich über Stunden wilde Verfolgungsjagden unter lautem Kreischen. Wer Steinmarder bei sich wohnen hat, kann das nun nicht mehr überhören!

40 – 50 cm

Baummarder

Typisch „Goldkehlchen“: trägt eine gelb-oranges Lätzchen (vergleiche Steinmarder mit weißer Kehle).

Waldmarder Im Gegensatz zum sehr ähnlichen Steinmarder lebt der Baummarder lieber im Wald und kommt eher selten in Ortschaften. Nur mit Glück wirst du ihn in freier Natur antreffen, denn Baummarder bewohnen sehr große Reviere und sind vorzugsweise nachts unterwegs. Im Sommer aber gehen sie auch tagsüber auf Nahrungssuche. Ihre Jungen bringen sie gut versteckt in einer Baumhöhle zur Welt.

Klettert und springt

Am Boden hüpfen Baummarder meist, dabei jagen sie hauptsächlich Mäuse und Ratten. Oft sind sie aber kletternd und springend hoch oben in den Ästen der Bäume unterwegs, wo sie in der Nacht ruhende oder brütende Vögel erbeuten.

Elegant von Ast zu Ast.

Mauswiesel

Typisch Winzigkleiner Marder, sieht aus wie die Miniaturausgabe des Hermelins, aber mit deutlich kürzerem Schwanz und ohne schwarze Schwanzspitze.

Passt in Mäusegänge Das Mauswiesel ist so schlank, dass es Mäusen problemlos in ihre unterirdischen Gänge und Höhlen folgen kann. Im Gegensatz zu anderen Mardern sind Mauswiesel am häufigsten tagsüber unterwegs, nur bei Regen oder großer Hitze verkriechen sie sich lieber. Ob und wie oft Mauswiesel sich paaren und Junge werfen hängt von der Häufigkeit ihrer Nahrung, den Wühlmäusen, ab.

Im Winter weiß: das ähnliche Hermelin.

Kennst du das Hermelin?

Das Hermelin ist mit 20–30 cm Länge größer als ein Mauswiesel, aber kleiner als ein Steinmarder. Im Sommer ist es braun mit weißem Bauch.

30 – 50 cm

Kaninchen

Typisch Hat im Gegensatz zum Feldhasen eine rundlichere Gestalt und kürzere Ohren.

Die buddeln Höhlen Kaninchen sind ursprünglich Steppenbewohner, die sich erst nachträglich in viele weitere Lebensräume wie Wiesen, Gebüsche, Wälder und Gärten ausgebreitet haben. Wichtig für ihr Vorkommen sind trockene und lockere Böden, in die sie ihre verzeigten Gänge und Höhlen graben können. Darin ziehen sie ihre Jungen groß und auch bei Gefahr verschwinden Kaninchen flink unter der Erde.

Kleine Nesthocker

Kaninchen sind bei ihrer Geburt noch nackt und blind. Damit sie nicht frieren, polstert die Mutter ihr Nest in der Höhle mit eigenem Fell aus, das sie sich herausrupft. Im Alter von 10 Tagen öffnen die Kleinen ihre Augen und nach und nach wächst ihnen ein wuscheliges Fell.

Typische Kotpillen markieren das Revier.

Oft findest du mehrere Höhlen in nächster Nähe.

Leben als Großfamilie Kaninchen fühlen sich nur in einer Gemeinschaft richtig wohl. Am liebsten wohnen sie als Großfamilie dicht beieinander, gehen gemeinsam auf Nahrungssuche nach Kräutern und Gräsern und warnen sich gegenseitig vor Feinden. So bewohnen nicht selten gleich mehrere Kaninchen einen verzweigten Bau. Auch Hauskaninchen (auch „Stallhasen" sind Kaninchen!) sollten niemals alleine gehalten werden und sie benötigen unbedingt einen Auslauf.

Mit 4 Wochen verlassen Kaninchenkinder zum ersten Mal den Bau.

50 – 70 cm

Feldhase

Typisch Im Gegensatz zum Kaninchen ist sein Körper lang und muskulös und mit sehr langen Hinterbeinen ausgestattet. Auffallend sind die langen Ohren mit schwarzer Spitze.

Flucht mit 60 km/h Anders als Kaninchen graben Hasen niemals Höhlen. Droht Gefahr, so drücken sich Feldhasen einfach flach auf den Boden und hoffen, nicht entdeckt zu werden. Erst in allerletzter Sekunde springen sie auf und versuchen durch Hakenschlagen ihren Verfolgern zu entkommen. Dabei vollführen sie Sprünge bis zu 3 m Höhe und erreichen Spitzen-Geschwindigkeiten von bis zu 60 km/h.

Box-Wettkämpfe

Im März ist Paarungszeit bei den Hasen. Jetzt sieht man sie oft aufgeregt auf Wiesen und Feldern umherhoppeln, manche richten sich auch auf und schlagen mit den Vorderpfoten aufeinander ein. Diese Box-Wettkämpfe dauern an, bis die Paare zusammengefunden haben.

Hasenspur im Schnee.

Erste Annäherungsversuche.

Hasenkindheit Im Unterschied zu Wildkaninchen kommen Hasenkinder schon weit entwickelt zur Welt. Das ist auch wichtig, denn sie werden ja nicht in einer Höhle geboren, sondern in einer einfachen Mulde am Boden, der Sasse. So tragen neu geborene Hasenbabys bereits ein Fell, ihre Augen sind geöffnet und nach wenigen Tagen hoppeln sie umher. Meist hocken sie aber still in ihrer Sasse und warten, bis ihre Mutter kommt, um sie zu säugen.

Bei Gefahr drücken sich Hasen an den Boden.

20 – 25 cm

Eichhörnchen

Typisch Rotbraunes Fell, weiße Unterseite und buschiger Schwanz.

Immer an Bäumen Am Boden umherhüpfend werden Eichhörnchen allzu leicht Beute für Habicht oder Fuchs. Doch ein in den Baumkronen umherturnendes Eichhörnchen ist so gut wie unschlagbar. Blitzschnell erklimmt es mit seinen spitzen Krallen selbst glatte Baumstämme, klettert von Ast zu Ast und springt furchtlos von Baumkrone zu Baumkrone. Sein buschiger Schwanz dient dabei als Steuerruder.

Mit einem Futterkasten lockst du Eichhörnchen an.

Meist werden Laubblätter in den Kobel mit eingeflochten.

Hochzeit im Winter Anders als Fledermaus, Igel und Murmeltier hält das Eichhörnchen keinen Winterschlaf. Das braucht es nicht, weil es auch im Winter noch Nahrung findet. Die hat es sich nämlich in Vorratskammern in Erdlöchern versteckt: hier lagern Nüsse, Eicheln und Bucheckern. Im Januar und Februar kannst du beobachten, wie Eichhörnchen sich gegenseitig wild von Baum zu Baum jagen: Jetzt ist Eichhörnchen-Hochzeit!

Eichhörnchenbabys im Kobel.

Der Kobel ist das Nest

Eichhörnchen bauen sich runde Reisignester, die sogenannten „Kobel". Darin bringen sie 3 bis 5 blinde und nackte Junge zur Welt. Manche Eichhörnchen beziehen aber auch Baumhöhlen. Im Winter dienen Kobel und Höhlen als Kälteschutz.

80 – 100 cm

Biber

Typisch Größtes Nagetier Europas, wiegt bis zu 30 kg! Unverkennbar mit seinem breiten, flachen Schwanz, der sogenannten „Kelle“.

Nagt und staut Mit seinen kräftigen Schneidezähnen und sehr viel Ausdauer gestaltet der Biber ganze Landschaften um. Wo gestern noch Bäume am Ufer standen, da sind sie heute gefällt und wo ein Fluss floss, da ist einige Zeit später ein Stausee. Biber schichten abgenagte Äste und Stämme geschickt zu Staudämmen, die Ritzen verschmieren sie mit Lehm: Ihre Biberburg soll von tieferem Wasser umgeben sein.

Bitte kein Fisch!

Wer glaubt, dass Biber Fisch essen, der ist ganz falsch gewickelt. Biber sind strikte Vegetarier! Im Sommer knabbern sie hauptsächlich Gräser und Kräuter vom Gewässerufer, aber auch die Blätter der abgenagten Äste. Im Winter stehen Rinde und Knospen auf dem Speisezettel.

Die „Biberkelle“ dient als Stütze beim Nagen.

Blick in eine Biberburg.

Die Burg im See In mühevoller Kleinarbeit errichten Biber ihre Reisigburg im angestauten Fluss. Wichtig ist, dass Ein- und Ausgang immer unter Wasser liegen, damit kein Feind von Land aus in den Bau gelangen kann, denn darin werden die Biberkinder geboren. Biberburgen werden über mehrere Generationen genutzt und können eine Höhe bis zu 2 m und einen Durchmesser bis zu 12 m erreichen!

In dieser Landschaft wohnt der Biber.

7 – 10 cm

Hausmaus

Typisch Graubraun mit kleinen Augen, großen Ohren und nacktem Schwanz, der etwa so lang ist wie ihr Körper.

Unbeliebte Haustiere Die Heimat unserer Hausmäuse liegt in warmen und trockenen Steppen- und Wüstengebieten. Von hier wurden sie aus Versehen im Gepäck der Menschen in die ganze Welt verbreitet. In unserem Klima fühlen sich die wärmeliebenden Hausmäuse am wohlsten in Vorratskammern, Scheunen und Ställen. Nur im Sommer zieht es sie auch nach draußen, um in Gärten und auf Wiesen und Feldern nach Nahrung zu suchen.

Was futtert ihr denn da?

In ihren Heimatgebieten ernähren sich Hausmäuse hauptsächlich von Gräsern und Samen und auch in unseren Behausungen knabbern sie am liebsten Getreide und Brot. Doch in unseren modernen Häusern finden Hausmäuse immer seltener Einschlupflöcher.

Hausmäuse kommen nackt und blind zur Welt.

6 – 12 cm

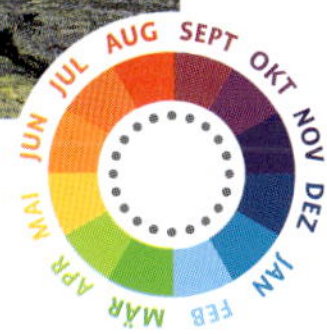

Gelbhalsmaus

Typisch Kräftige Maus mit sehr großen Augen und Ohren und mehr als körperlangem Schwanz. Wird manchmal mit jungen Ratten verwechselt.

Zuhause im Wald Gelbhalsmäuse leben am liebsten in Laubwäldern mit einer dicken Laubschicht am Waldboden. Hier graben sie sich zur Jungenaufzucht Erdhöhlen unter Baumstümpfen oder im Wurzelgeflecht. Ihre Nahrung besteht aus Würmern, Insekten, Beeren, Samen und anderen Pflanzenteilen. Im Winter beziehen die kletternden Gelbhalsmäuse Baumhöhlen und auch Vogelnistkästen in Gärten.

Klettert und springt ausgezeichnet.

Immer bereit zur Flucht

Gelbhalsmäuse sind die Athleten unter den Mäusen – sie sind einfach unglaublich schnell und kräftig und meistern Sprünge bis zu 1 m Höhe. Ihre Sportlichkeit hat auch einen guten Grund: Sie zählen zur Hauptbeute von Mardern, Füchsen und Eulen.

18 – 26 cm

Wanderratte

Typisch Kräftiger, etwa körperlanger Schwanz. Immer in der Nähe von Gewässern, lebt sogar in Abwässerkanälen.

Welteroberer Ursprünglich wohnte die Wanderrate nur in menschenfernen Landschaften Sibiriens und Chinas. Dann lernte sie, dass es in der Nähe des Menschen immer etwas zu essen gibt – und seien es nur Abfälle – und schloss sich eng dem Menschen an. Über die Handelswege der Menschen gelangte auch die Wanderratte in die ganze Welt. Es gibt heute praktisch keinen Zipfel der Erde, den sie nicht erobert hat.

2 cm lange Köttel verraten ihre Anwesenheit.

Wohnt immer nah am Wasser.

Lernfähig … Ratten sind überaus schlau und anpassungsfähig. Wo es ihnen gefährlich erscheint, da sind sie nur nachts unterwegs. Doch auch hier verraten sie sich durch ihre unübersehbaren Spuren: ihre länglichen Kotpillen und ihre Fußabdrücke im feuchten Boden. Doch wo sich Ratten sicher fühlen, da sind sie auch am helllichten Tage unterwegs. Manche sitzen im Winter sogar frech mitten im Vogelfutterhaus.

Typische Fußspur am Gewässerufer.

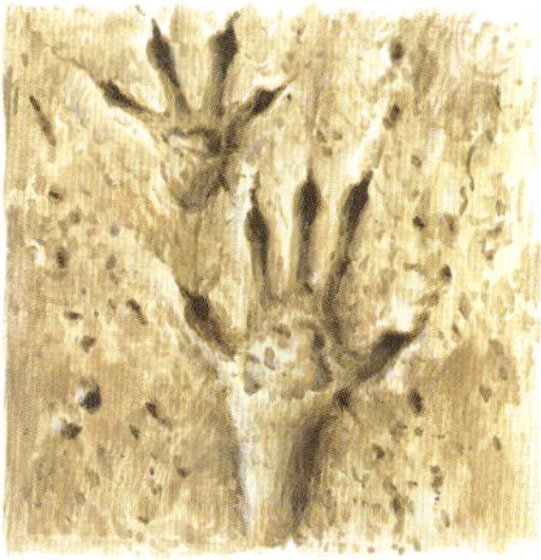

… und lästig

Wanderratten vermehren sich häufig und finden als Alles- und Abfallfresser überall etwas zu knabbern. So wohnen in vielen Dörfern heute tatsächlich mehr Ratten als Menschen. Da die Tiere jedoch gefährliche Krankheiten übertragen, müssen sie bekämpft werden.

8 – 12 cm

Feldmaus

Typisch Bräunliche Maus mit dichtem Fell, kleinen Ohren und kurzem Schwanz (viel kürzer als der Körper).

Maus, pass auf! Feldmäuse wühlen weit verzweigte Gänge und Höhlen in Wiesen- und Feldböden. Ihre Gänge sind durch unterirdische Tunnel und oberirdische Straßen kreuz und quer miteinander verbunden und haben zahlreiche Ein- und Ausgänge. So können die Mäuse, egal wo sie gerade nach Gräsern, Samen und Wurzeln suchen, immer schnell ins nächste Erdloch entwischen und sich vor ihren zahlreichen Feinden verstecken.

Wer sind deine Feinde?

Tagsüber müssen sich Feldmäuse vor dem überall häufigen Mäusebussard und vor Hauskatzen in Acht nehmen. Nachts schleichen hungrige Marder und Füchse auf der Suche nach Mäusen über Wiesen und Felder. Aus der Luft drohen Schleiereulen und Waldkäuze.

Feldmaus-Straßen und Schlupflöcher in der Wiese.

Hauptbeute für den Mäusebussard.

Mäusejahre Im Abstand von 3 bis 5 Jahren kommt es regelmäßig zu richtigen Feldmausplagen: ganze Wiesen und Felder sind dann von Mäusegängen unterhöhlt. Solche „Mäusejahre" ereignen sich, wenn das Wetter trocken und die Nahrung dennoch reichlich vorhanden ist. Mäusejahre sind gleichzeitig auch immer gute Jahre für Mäusebussarde und Eulen: Auch sie finden nun reichlich Nahrung für ihren Nachwuchs – nämlich Feldmäuse.

Gut behütet im unterirdischen Nest

15–20 cm

Siebenschläfer

Typisch Sieht aus wie ein kleines, graues Eichhörnchen.

Nächtlicher Obstdieb Siebenschläfer sind in naturnahen Wäldern zuhause, in denen genügend Baumhöhlen zum Verstecken bei Tag und zur Aufzucht ihrer Jungen vorhanden sind. Gern ziehen sie aber auch in Ferienhäuser am Waldrand ein, besonders, wenn hier Obstbäume wachsen. Denn Siebenschläfer mögen nicht nur Bucheckern, Insekten und räubern so manches Vogelnest, sondern sie wissen auch Äpfel, Birnen und Kirschen zu schätzen.

Kleiner Langschläfer

Was den Winterschlaf angeht, so hält der Siebenschläfer gemeinsam mit dem Murmeltier den Rekord im Langschlafen. Je nach Wetterlage begibt er sich bereits im September oder Oktober zur Ruhe, um erst wieder im April oder Mai wach zu werden. Also ungefähr 7 Monate Schlaf! Daher kommt auch sein Name.

Mutter mit ihren Jungen.

6 – 8 cm

Waldspitzmaus

Typisch Rüsselartig ausgezogene Schnauze, winzige Augen und Ohren und sehr kurzes, dichtes Fell.

Verwandt mit Igel und Fledermaus Wo es feucht und kühl ist, da sind Waldspitzmäuse zuhause: Wälder und Gewässerufer mit möglichst lehmhaltigen Böden sind ihr Lebensraum. Hier durchwühlen sie mit ihrer langen Nase den feuchten Boden nach Regenwürmern, Käferlarven, Spinnen, Schnecken, Tausendfüßern und Asseln. Zusammen mit Igeln und Fledermäusen zählen sie zu den Insektenfressern.

Winzige Augen, lange Nase.

Keine Maus!

Spitzmäuse sind keine echten Mäuse, sie sehen nur rein äußerlich ein wenig danach aus. Im Gegensatz zu echten Mäusen haben sie keine Nagezähne, mit denen die Getreidekörner aufnagen könnten. Ihre spitzen Zähnchen eignen sich hingegen gut zum Aufknacken kleiner Tiere.

20 – 30 cm

Igel

Typisch Raschelt und schnauft nachts durch Parks und naturnahe Gärten.

Braucht Laub und Krabbeltiere Igel fühlen sich da wohl, wo der Mensch nicht allzu viel aufräumt und wegharkt. Naturnahe Gärten sind ein Paradies für Igel! Hier finden sie raschelndes Laub mit vielen Käfern, Spinnen und Schnecken sowie Reisighaufen zum Verstecken. Offene Rasenflächen überquert der Igel nicht gern, er hält sich lieber in der Deckung von Büschen und Hecken auf. Die Jungen kommen in einem mit Moos und Laub gepolsterten Nest zur Welt.

Igelkindheit

Die meisten Igelbabys werden im Juli und August geboren. Sie sind noch nackt und blind und ihre Stacheln sind bei der Geburt von einer dünnen Haut überzogen. Nach 2 Wochen sehen sie schon aus wie richtige Igelchen, mit 3 bis 4 Wochen folgen sie das erste mal ihrer Mutter in die Nacht.

Igelbabys kommen mit weichen Stacheln zur Welt.

Im Versteck verschläft der Igel den Winter.

Was passiert beim Winterschlaf? Im Herbst sucht sich der Igel ein frostsicheres Winterversteck, rollt sich zusammen und fällt in einen tiefen Winterschlaf. Schnell sinkt nun seine Körpertemperatur von 36 °C auf nur etwa 4 °C ab, Gleichzeitig verlangsamt sich der Herzschlag von 200 bis 300 Schlägen pro Minute auf nur 3 bis 4 Schläge und er atmet nur noch ganz selten.

Nur spät geborene Igel, die am 1. November noch deutlich unter 700 g wiegen, können das nicht schaffen. Viele nützliche Tipps findet ihr unter www.igelhilfe.de!

Bist du fit für den Winterschlaf?

10 – 15 cm

Maulwurf

Typisch Samtartiges, dichtes Fell, winzige Augen und Ohren und große Grabhände. Verrät sich durch Erdhügel auf der Wiese.

Schaufelhände Ob Tag oder Nacht, Sommer oder Winter: Der Maulwurf verbringt sein ganzes Leben unter der Erde und daran ist sein Körper bestens angepasst. Mit zwei riesigen Händen schaufelt er sich Gänge und Kammern, sein Fell ist ganz kurz und dicht, so dass es ihn wärmt, aber kein Dreck darin hängen bleibt, und seine Augen sind nur winzig – er braucht auch nicht viel zu sehen, unter der Erde ist es ja ohnehin dunkel.

Erkennungszeichen: Maulwurfshügel.

Die Wohnung des Maulwurfs.

Wohnt unter der Erde Das Maulwurf-Zuhause ist komfortabel eingerichtet: da gibt es Schlafkammern, Kinderzimmer, Vorratskammern, Flure und spezielle Jagdgänge. Diese Jagdgänge, die bis zu 100 m lang sein können sucht der Maulwurf alle 4 Stunden nach hineingefallenen Regenwürmern und Insektenlarven ab. Findet er reichlich, so lähmt er sie mit einem Biss und bewahrt sie in seiner Vorratskammer auf, bis er wieder hungrig ist.

In seiner selbst gegrabenen Röhre.

Wovon lebst du im Winter?

Anders als Igel und Fledermaus ist der Maulwurf auch im Winter aktiv. Kaum sind die Böden nicht gefroren, da erscheinen schon wieder neue Maulwurfshügel. Bei Frost ernährt er sich von seinen Vorräten: Über 1000 Regenwürmer fand man schon in einer einzigen Vorratskammer!

4–5 cm

Zwergfledermaus

Typisch Körper nicht länger als ein Streichholz. Ist auch in Städten zu beobachten, wenn sie im Schein von Straßenlaternen Mücken jagt.

Gesellig und geschickt Zwergfledermäuse kommen oft schon vor der Abenddämmerung zum Vorschein, um in Dörfern und Städten, in Wäldern, Hecken und über Gewässern Fliegen und Mücken zu erbeuten. Du erkennst sie an ihrer geringen Größe und an ihren nicht sehr schnellen, dafür aber sehr wendigen und geschickten Flugmanövern. Zwergfledermäuse sind sehr gesellig – oft jagen mehrere Tiere dicht beieinander.

Sieht mit den Ohren

Wie können Fledermäuse im Dunkeln fliegende Insekten jagen? Fledermäuse senden hohe Schreie aus, die wir nicht hören können. Treffen diese Schreie auf ein Insekt, so kann die Fledermaus es durch das Echo ihrer Schreie genau orten.

Gutes Tagesversteck im Fledermaus-Nistkasten.

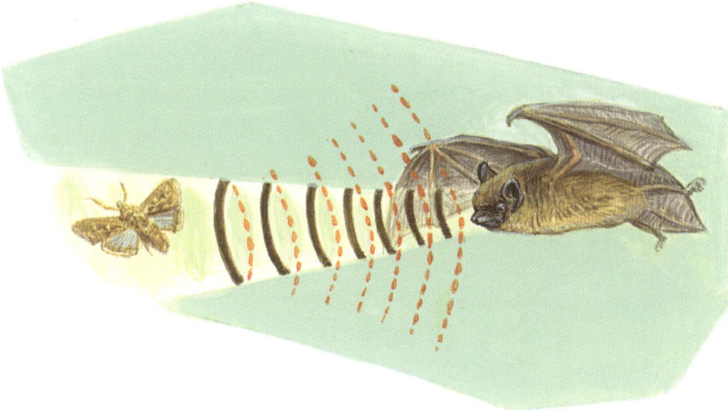

Echo-Ortung der Fledermaus.

In kleinsten Ritzen Im Sommer nutzen Zwergfledermäuse allerlei schmale Verstecke hinter Fensterläden, zwischen Ziegelsteinen oder hinter loser Baumrinde, um den Tag zu verschlafen. Den langen Winter verbringen sie lieber gemeinsam in Felshöhlen oder in künstlich vom Menschen geschaffenen Quartieren, die Höhlen ähnlich sind: zum Beispiel in Ritzen von Brückenpfeilern, in Mauerspalten, Kellern oder speziellen Fledermaus-Nistkästen.

So kurz wie ein Streichholz.

59 – 73 cm

Haubentaucher

Typisch! Keine Ente, obwohl es von Weitem so aussieht. Mit dünnem Hals und langem, spitzen Schnabel.

Cooles Floß Haubentaucher bauen flache, schwimmende Nester aus Wasserpflanzen – hier kommt so schnell kein Räuber an ihre Brut heran. Die Küken müssen keinen Schwimmkurs mitmachen – sie können schon vom ersten Tag an toll schwimmen und natürlich tauchen! Dabei jagen sie ihre Nahrung: kleine Fische bis zu 12 cm Länge, Wasserinsekten, Kaulquappen und auch mal einen Frosch.

Tanz der Taucher

Im Frühling kannst du sie auf offenen Wasserflächen tanzen sehen! Es beginnt damit, dass Männchen und Weibchen sich kopfschüttelnd ansehen, dann „tanzt" das Weibchen mit gespreizten Flügeln vor dem Männchen und schließlich „tanzen" beide, Bauch an Bauch.

Die Küken reiten „huckepack" auf den Eltern.

Stockente

Typisch! Unsere häufigste Ente. Männchen mit flaschengrünem Kopf, Weibchen schlicht braun gestrichelt.

Köpfchen unter Wasser Stockenten leben auch an den kleinsten Tümpeln. Ihr Nest verstecken sie im dicht bewachsenen Uferbereich. Bei der Nahrungssuche guckt oft nur das Hinterteil der Ente aus dem Wasser, während sie den Grund nach Wasserinsekten und Schnecken absucht. Enten, die so nach Nahrung suchen, werden als **Gründelenten** von den Tauchenten unterschieden.

Weibchen sind auf dem Nest perfekt getarnt!

Warum sind nur Männchen bunt?

Warum sind die Männchen der Stockente so bunt, die Weibchen nur schlicht braun? Für die Weibchen wäre es gefährlich bunt zu sein. Bräunlich sind sie perfekt auf ihrem Nest getarnt. Die Männchen werben mit ihrem bunten Gefieder um die Weibchen.

74–84 cm

Graugans

Typisch! Grau mit orangefarbenem Schnabel.

Wasser und Wiesen Ende März bauen Graugänse ihr Nest im Schilfdickicht. Bald legt das Weibchen Eier und brütet – um das Nest nicht zu verraten, steht das Männchen in einiger Entfernung und passt gut auf sie auf. Nach 3–4 Wochen schlüpfen die Küken. Sie werden von den Eltern gleich auf das Wasser geführt. Gänse sind Vegetarier – sie verzehren ebenso Wasserpflanzen wie frisches Gras.

Nils Holgerssons Gänse

Kennst du Nils Holgersson, der immer Hausgänse ärgerte und schließlich klitzeklein gezaubert auf dem Rücken der Wildgänse Schweden überflog? Die schwedische Autorin Selma Lagerlöf erhielt dafür den Nobelpreis für Literatur und einen Ehrendoktortitel.

Fliegen oft in einem großen „V“.

Blässhuhn

Typisch! Rundlicher schwarzer Wasservogel mit weißem Schnabel und weißem Stirnfleck.

Vielseitig und wachsam Wo Wasser ist, ob als Graben, Teich oder Parktümpel, da fehlt meist das Blässhuhn nicht. Mit nickendem Kopf schwimmt es im Wasser und ruft kaum überhörbar „köw". Blässhühner sind so häufig, weil sie so vielseitig sind – sie vertilgen Pflanzen, Tierchen und sogar menschliche Abfälle. Weil sie besonders wachsam und wehrhaft sind, brüten andere Wasservögel gern in ihrer Nähe!

Blässhuhn-Küken haben 4–9 Geschwister.

Seeadler-Frühstück

Im Winter verlassen Blässhühner ihre Brutreviere und schließen sich zu Trupps aus hunderten Vögeln auf eisfreien Seen zusammen. Für Seeadler (Seite 80) sind solche Ansammlungen beliebte Jagdplätze – im Sturzflug versuchen sie, ein Blässhuhn zu greifen.

140 – 160 cm

Höckerschwan

Typisch! Großer, weißer Wasservogel mit langem Hals und rotem Schnabel.

Angriffslustig Oft siehst du Höckerschwäne mitten in Städten auf Parkteichen. Weil sie so hübsch sind, werden sie gern als Ziervögel gehalten. In freier Wildbahn bauen sie mächtige Nester im Schilf mit einem Durchmesser bis zu 2 m. Eindringlinge, auch Bootsfahrer, greifen sie hier angstfrei an! Schwäne sind Vegetarier, die mit ihren langen Hälsen unter Wasser Pflanzen abrupfen.

Rekord!

Damit Vögel fliegen können, sparen sie Gewicht wo es nur geht: Ihre Knochen sind hohl, ihre Jungen wachsen außerhalb des Körpers in Eiern heran und Federn wiegen fast nichts. Mit bis zu 15 kg Gewicht gehört der Höckerschwan zu den schwersten flugfähigen Vögeln.

Küken: im Märchen das „hässliche Entlein“.

Graureiher

Typisch! Storchenartig mit grauem Gefieder. Fliegt im Gegensatz zu Storch und Kranich mit eingezogenem Hals und durchgebogenen (nicht ausgestreckten) Flügeln.

Perfekt versteckt Der Graureiher ist nicht selten und obwohl er fast so groß ist wie ein Storch, kann er sich gut verstecken! Oft ragt nur sein langer Hals aus den Uferpflanzen. Vollkommen starr steht er da, bis er einen Fisch erspäht – dann stößt er blitzschnell zu. Aufgescheucht ruft er heiser „kräich“.

Blitzschnell zugepackt!

Gefährliche Kraxelei

Graureiher bauen ihre mächtigen Nester hoch oben auf Bäumen. Im Alter von 4 Wochen kraxeln die Küken hier oben von Ast zu Ast – dabei können sie noch nicht fliegen! Das wäre etwa so, als würdest du im 3. Stockwerk auf dem Balkongeländer balancieren.

35 – 39 cm

Lachmöwe

Typisch! Kleine Möwe, im Sommer mit schwarzem Gesicht.

Flexibel Sie triffst du praktisch überall da, wo es etwas zu Fressen gibt: an der Küste, an Seen und Flüssen, auf Wiesen und Feldern, wo sie pflügenden Bauern hinterher fliegt, und sogar mitten in Großstädten, wo sie von Abfällen lebt. Oft siehst du sie in lärmenden Trupps um Nahrung zanken. Die Lachmöwe ist sehr anpassungsfähig und kann sich, anders als viele Vogelarten, schnell auf neue Nahrungsquellen umstellen.

Lacht die Lachmöwe?

Hör dir mal die Rufe der Lachmöwe an. Findest du, sie klingen wie ein Lachen? Manche meinen, dass sie daher ihren Namen bekommen hat. Andere sagen, es kommt von der Lache (mit langem „a“) – das ist ein älteres Wort für Binnengewässer, an denen sie brütet.

Winterkleid: schwarzer Punkt im Gesicht.

Weißstorch

Typisch! Weiß und schwarz mit langen roten Beinen und langem roten Schnabel.

Leere Wiesen Der Weißstorch hat sich eng uns Menschen angeschlossen: Er brütet auf Schornsteinen und sucht auf unseren Wiesen nach Fröschen, Würmern, Heuschrecken und Mäusen. Und obwohl jeder ihn gern hat, werden es doch immer weniger Störche, weil die Nahrung knapp wird: Zu viele Feuchtwiesen werden trocken gelegt, mit Giften bespritzt, gedüngt und zu oft gemäht.

Störche sind Segelflieger.

Hightech-Störche

Um herauszubekommen, wo Störche den Winter verbringen, befestigen Forscher heute Mini-Sender auf deren Rücken. Sie senden Signale ins All, die per Satellit aufgefangen, zur Erde zurückgeschickt und direkt zur Vogelwarte geleitet werden.

33 – 39 cm

Schleiereule

Typisch! Helle Eule mit herzförmigem Gesichtsschleier.

Kulturfolgerin Die Schleiereule lebt nahe beim Menschen: Sie brütet in Scheunen, Ställen und Kirchtürmen und fliegt auf Mäusejagd über unsere Wiesen. Weil sie sehr kälteempfindlich ist, benötigt sie diese geschützten Plätze auch zum Überwintern. Durch Abriss und Modernisierung solcher Gebäude werden ihre Brutplätze knapp. Und wo Mäuse vergiftet werden, da vergiftet man ganz unbeabsichtigt auch oft die empfindlichen Eulenküken.

Hilfe gesucht!

Mit speziellen Nistkästen ist es vielerorts gelungen, der Schleiereule neue Brutplätze zu schaffen. Eine kostenlose „Bauanleitung Schleiereulenkasten“ gibt es unter www.nabu.de. Hier findest du unter „Vogelschutz-Tipps“ auch viele weitere tolle Ideen!

Schleiereulen sind auf Nistkästen angewiesen.

37 – 43 cm

Waldkauz

Typisch! Großer Kopf, schwarze Augen und schaurig-schöner Gesang – „hulululuuuuu-u-u“.

Auch in Städten Der Waldkauz ist unsere häufigste und bekannteste Eule. Fast jeder hat seinen Gesang schon einmal gehört – zumindest im Film, wenn es im Dunkeln gruselig wird. Er brütet in Baumhöhlen oder Nischen im Gemäuer – sogar in Parks und in Gärten. In der Dämmerung fliegt er los, um Mäuse und andere Kleintiere zu erbeuten. Die trägt er im Schnabel zu seinen Küken.

Diese kleinen Käuze sind nicht verlassen!

Bitte nicht retten!

Junge Waldkäuze verlassen ihre Bruthöhle schon im Alter von 4–5 Wochen. Dann tragen sie noch ihr flauschiges Daunenkleid und können noch nicht fliegen. Diese jungen Käuze werden regelmäßig von ihren Eltern gefüttert – also bitte keinesfalls mitnehmen, um sie zu „retten“!

46 – 58 cm

Mäusebussard

Typisch! Sehr unterschiedlich gefärbt, ruft klagend „hi-äähh“.

Straßenwache Unser häufigster Greifvogel, den du oft im Segelflug über Wiesen und Feldern kreisen siehst. Achte bei der Autofahrt einmal auf die Zaunpfähle entlang der Straße: Darauf sitzt oft ein Mäusebussard, der nach Feldmäusen oder überfahrenen Tieren Ausschau hält. Mäusebussarde bauen ein großes Zweignest hoch oben in Bäumen. Die 2–3 Küken können alle unterschiedlich aussehen, manche Mäusebussarde sind sogar fast weiß!

Im Flug mit langen, breiten Flügeln.

Was ist ein Greifvogel?

Bussarde, Adler, Falken und ähnliche Vögel sind **Greifvögel**: Ihre Füße sind speziell zum Ergreifen von Beutetieren geformt – mit langen spitzen Krallen. Alle Greifvögel tragen Hakenschnäbel, mit denen sie Stücke aus ihrer Beute herausrupfen können.

Turmfalke

Typisch! Kleiner, häufiger Greifvogel auf Wiesen und Feldern und mitten in Großstädten. Ruft oft und laut „kikikikiki“.

Stadtfalke Turmfalken benötigen zum Jagen offene Wiesenlandschaften. Hier erbeuten sie Mäuse und Insekten. Zum Brüten brauchen sie Bäume am Waldrand oder Felswände. Wo die fehlen, da nehmen sie auch gern Strommasten und Kirchtürme mitten in der Stadt. Manche dieser „Stadtfalken“ haben sich darauf spezialisiert, nachts auf Insektenfang an Straßenlaternen zu gehen.

Turmfalken siehst du oft im Rüttelflug.

Typisch Falke

Falken kannst du von anderen Greifvögeln am leichtesten im Flug unterscheiden: Nur sie haben so schlanke, zugespitzte Flügel. Typisch Falke ist auch, dass sie keine eigenen Nester bauen: Entweder sie finden eine geeignete Unterlage oder sie beziehen ein altes Krähennest.

76 – 92 cm

Seeadler

Typisch! Mächtiger Greifvogel, der hoch am Himmel kreist.

Jäger am Wasser Der Seeadler ist mit einer Körpergröße bis zu 92 cm unser größter Greifvogel. Ausgebreitet messen seine Flügel von Spitze zu Spitze bis zu 2,45 m! Das ist länger als die Armspanne der meisten Menschen. Ein Paar braucht ein riesiges Brutrevier: zwischen 3000 und 7000 Fußballfeldern groß und mit großen Wasserflächen. Hier jagen die Seeadler hauptsächlich Fische und Wasservögel.

Wappenvogel

Hast du schon einmal die Rückseite unserer Euromünzen angeschaut? Jedes Land, in dem es Euros gibt, darf die Rückseite seiner Münzen selbst gestalten. Auf den deutschen Euromünzen findest du den Seeadler – er ist seit 1950 das Staatswappen der Bundesrepublik Deutschland.

Brettartiges Flugbild mit weißem Schwanz.

55–90 cm

Fasan, Jagdfasan

Typisch! Das große, bunte Männchen mit seinem langen Schwanz ist unverwechselbar.

Wenig scheu Fasane sind oft wenig scheu gegenüber dem Menschen – daran erkennst du, dass es sich meist um gezüchtete und freigelassene Käfigvögel handelt. Fasane können bei uns aber auch in freier Wildbahn brüten: Das Weibchen scharrt eine kleine Bodenmulde für ihre 8–12 Eier, die sie 3–4 Wochen lang bebrütet. Die Nahrung besteht aus Insekten, Würmern, Schnecken, Kräutern und Früchten.

Das Weibchen ist recht unscheinbar.

Ausgesetzte Käfigvögel

Der Fasan kommt aus Asien. Jäger brachten ihn nach Europa und züchten auch heute noch Fasane in Käfigen. Sie werden freigelassen, damit man sie jagen kann. Im Winter richtet man Futterstellen ein. Selbstständig können Fasane bei uns kaum überwintern.

17 – 20 cm

Eisvogel

Typisch! Kleiner, bunter Vogel mit langem Dolchschnabel und kurzen Beinen. Immer am Wasser.

Blauer Pfeil Pfeilschnell flitzt der Eisvogel knapp über die Wasserfläche, landet auf einem Ast, der über den Fluss ragt, und sitzt jetzt ganz still. Da erspäht er unter sich einen kleinen Fisch: senkrecht ins Wasser gestürzt, untergetaucht und ... da ist er wieder, mit einem zappelnden Fischchen im Schnabel. Schon saust er wieder davon – und verschwindet in einem Loch an der steilen Uferwand.

Die Unterirdischen

Hier, tief unter der Erde, hat der Eisvogel sein Nest mit hungrigen Küken! Mit Schnabel und Füßen hat er im Frühling einen tiefen Gang ins steile, lehmige Flussufer gehackt und gescharrt. Am Ende liegt die geräumige Bruthöhle. Darin werden 6–7 kleine Eisvögel groß.

Bruthöhle in steiler Lehmwand.

Buntspecht

Typisch! Häufig in Wäldern, Parks und Gärten. Kommt im Winter auch ans Futterhäuschen.

Anpassungsfähig Der Buntspecht braucht keine bestimmte Nahrung wie der Grünspecht und ist nicht auf so gute Wälder angewiesen wie der Schwarzspecht. Er findet immer etwas zu essen: Entweder hackt er Kleintiere unter der Rinde hervor oder Samen aus Fichtenzapfen. Zum Brüten genügt ihm eine kleine Höhle. Deshalb ist der Buntspecht mit Abstand unser häufigster Specht.

Spechte brüten in Baumhöhlen.

Warum trommeln Spechte?

Das Trommeln des Spechts hat nichts mit Nahrungssuche zu tun und auch nichts mit dem Bau einer Höhle. Damit macht er seinem Spechtnachbarn klar: „Bleib weg – dieses Revier ist schon besetzt!“. Übrigens: Jede Spechtart trommelt anders!

38 – 43 cm

Ringeltaube

Typisch! Ruft 5-silbig „hu-huu-hu-huhu.
Massige Taube, im Flug mit breiten, weißen Streifen auf den Flügeln.

Oft gerupft Ringeltauben brüten am liebsten in Nadelwäldern oder in der Nähe von Menschen. In Tierparks, Friedhöfen und auch in Städten mischen sie sich unter die Stadttauben. In Nadelwäldern kannst du häufig ganze Ansammlungen von Ringeltauben-Federn finden, denn sie sind eine begehrte Beute für Füchse und Greifvögel.

Die klatscht!
Wenn du im Wald bist, können dich Ringeltauben gehörig erschrecken: Gut versteckt sitzen sie im Baum und flüchten oft erst, wenn du ganz in ihrer Nähe bist. Dabei fliegen sie plötzlich mit lautem Flügelklatschen auf, das einem das Blut in den Adern gefrieren lässt!

In Wäldern findest du oft Ringeltauben-Federn.

Türkentaube

Typisch! Ruft 3-silbig „hu-huu-hu“.
Zierliche, helle Taube mit schwarzem Halbring am Hals.

Eingewandert Im 20. Jahrhundert breitete sich die Türkentaube sehr rasch von der Türkei über ganz Europa aus. Den genauen Grund dafür kennt keiner. Die Türkentaube ist auf jeden Fall sehr anpassungsfähig. Ihr Nest baut sie in Sträuchern, auf Fensterbänken oder mitten im Vogelfutter-Häuschen! In Obstgärten, Marktplätzen und Tierparks findet sie immer etwas Essbares.

Hier nistet eine Türkentaube im Blumenkasten.

Sicher ist sicher

In freier Natur triffst du Türkentauben nur selten. Sie gehen auf Nummer sicher: In der Stadt gibt es nicht nur Nahrung im Überfluss, hier sind sie auch weitgehend vor Feinden wie Greifvögeln und Füchsen geschützt – wenngleich auch diese Räuber heute schon unsere Städte besiedeln.

32–36 cm

Kuckuck

Typisch! Im Flug mit spitzen Flügeln und langem Schwanz. Ruft seinen eigenen Namen.

Ganz schön frech! Der Kuckuck lässt andere seine Arbeit tun: Er schmuggelt jedes seiner Eier in ein fremdes Vogelnest. Frisch geschlüpft wirft hier der kräftige Jungkuckuck alle anderen Eier oder Küken einfach aus dem Nest. Nun kümmern sich die Vogeleltern nur noch um ihn. Oft sind sie viel kleiner als der junge Kuckuck! Manchmal fliegt der Schwindel aber auf und die Vögel verlassen ihr Nest.

Kommt aus Afrika

Wenn der Kuckuck im April wieder seinen Namen ruft, kommt er gerade aus Afrika zurück – bis zu 12 000 km ist er zu uns geflogen. Nicht jeder Kuckuck schmuggelt anderen seine Eier unter – viele amerikanische Kuckucke und der afrikanische Spornkuckuck brüten selber.

Seine Stiefgeschwister wirft er aus dem Nest!

40 – 51 cm

Elster

Typisch! Schwarz-weißer Krähenvogel mit sehr langem Schwanz. Ruft „schäck-schäck".

Klug und anhänglich Viele Leute mögen keine Elstern, weil sie Eier und Küken von Singvögeln rauben. Das machen aber die süßen Eichhörnchen und netten Spechte genauso! Wenn Singvögel selten werden, hat nicht die Elster Schuld, sondern wir Menschen. Wir zerstören die Lebensräume der Vögel. Wer einmal eine Elster großzog weiß, wie klug und anhänglich diese Vögel sind.

Das Elsternest hat ein Dach gegen Regen.

Wie diebisch ist die Elster?

Man sagt, dass Elstern klauen – am liebsten glänzenden Schmuck. Stimmen diese Geschichten? Sie sind tatsächlich wahr! Vor unserer handaufgezogenen Elster war kein Löffel und keine Schraube sicher. Elstern sind verspielt und neugierig. Sie lieben alles, was glitzert, und stibitzen es blitzschnell weg.

32 – 35 cm

Eichelhäher

Typisch! Hellblaues Flügelfeld. Ruft laut „rähhh“ und warnt so die Waldtiere vor nahenden Menschen.

Ganz schön tüchtig Weißt du, woher der Eichelhäher seinen Namen hat? Von seinem Lieblingsbaum, der Eiche. Im Winter ernährt er sich von ihren Früchten. Dazu legt er im Herbst einen Vorrat an: Bis zu 5 000 Eicheln versteckt er unter Laub und in der Erde. Damit es schneller geht, transportiert er gleich 10 Eicheln auf einmal in seinem dehnbaren Kehlsack.

Der pflanzt Eichen

Findet der Eichelhäher seine versteckten Eicheln denn auch wieder, wenn Schnee liegt? Die meisten schon, aber nicht alle. Aus seinen „vergessenen“ Eicheln wächst im Frühjahr ein neuer Keim, der bald zum Eichenbäumchen wird. So pflanzt der Eichelhäher ganze Eichenwälder.

Im Flug mit runden Flügeln und weißem Bürzel.

Saatkrähe

Typisch! Im Unterschied zur sehr ähnlichen Rabenkrähe mit hellem Schnabel. Nur bei Jungvögeln ist der Schnabel noch dunkel.

Verfolgt Saatkrähen brüteten früher in einzelnen Baumgruppen auf Äckern und Wiesen. Hier bauten sie ihre Nester dicht an dicht, denn sie sind sehr gesellig. Man glaubte, sie würden sich zu stark ausbreiten und hat vielerorts ihre Nester zerstört. Jetzt gibt es viel weniger Saatkrähen. Heute brüten sie lieber vor Jägern geschützt in Städten.

Saatkrähen brüten in Kolonien auf Bäumen.

Falsch gezählt!

Im Winter kannst du auf Feldern oft große Saatkrähen-Schwärme beobachten. „Viel zu viele“ meinen viele Jäger und Landwirte. Sie fordern Saatkrähen abzuschießen. Doch diese Vögel sind Gäste aus östlichen und nördlichen Ländern. Sie suchen bei uns Nahrung und sind nicht unsere Brutvögel!

17 – 21 cm

Rauchschwalbe

Typisch! Klebt ihre Nester aus Lehm im Gegensatz zur Mehlschwalbe in Ställe und Scheunen.

Ganz nah dran In Mitteleuropa sind Schwalben **Kulturfolger**: Sie haben ihr Leben eng an das von uns Menschen angeschlossen. Statt an Felswänden brüten Schwalben bei uns an Hauswänden. Über unseren Wiesen und Teichen jagen sie nach Insekten. Doch das Leben wird für die Schwalben zunehmend schwierig: Es gibt immer weniger Insekten, offene Ställe und Lehmpfützen.

Abenteuerliche Reise

Im April kommen unsere Schwalben wieder. Dann haben sie gerade eine Zugstrecke von rund 10 000 km hinter sich gebracht: die riesige, trockenheiße Sahara überquert, das Mittelmeer umrundet und die Alpen überflogen. Zielgenau landen sie wieder an ihrem Nest vom Vorjahr.

Langer, gegabelter Schwanz und rotes Gesicht.

Mehlschwalbe

Typisch! Kurzer Gabelschwanz und ganz weiße Unterseite. Im Flug fällt der weiße Bürzel auf.

Nest an der Außenwand Baut nicht wie die Rauchschwalbe ihr Nest im Inneren von Ställen. Die Mehlschwalbe klebt ihr Lehmnest draußen an Hauswände. Sie baut es aber immer unter einen Dachüberstand, denn sonst könnte ihr Nest bei Regen aufweichen! Nach der Brutzeit sammeln sich Mehlschwalben oft zu Hunderten auf Leitungsdrähten. Ab August fliegen die Ersten los in Richtung Südafrika.

Nach 2 Wochen schlüpfen die Schwalben-Küken.

1000 Lehmkugeln

Schwalben lieben schlammige Pfützen, denn hier finden sie Lehm zum Bau ihrer Nester. Mit dem Schnabel sammeln sie kleine Lehmklümpchen. Die verkleben sie mit Spucke zu einer schönen, glatten Kugel. Etwa 1000 solcher Kügelchen brauchen Schwalben bis ihr Nest fertig ist.

9 – 11 cm

Zaunkönig

Typisch! Mausartiger Winzling. Stelzt oft den Schwanz hoch.

Vogelzwerg als König In vielen Sprachen trägt der Vogelzwerg das Wort „König" im Namen. Das beruht auf einer alten Fabel: Der Zaunkönig wollte den Adler im Flug übertreffen. So flog er einfach auf dessen Rücken mit in den Himmel. Erst hier ließ er sich los, um noch ein kleines Stückchen höher zu fliegen als der Adler. Doch der Schwindel flog auf und so blieb ihm nur der Titel Zaunkönig.

Huscht wie eine Maus

Er ist nicht nur mauseklein, sondern er verhält sich auch mausetypisch: Anders als die meisten anderen Vögel schlüpft der kleine, braune Winzling nämlich am liebsten unauffällig durch bodennahes Gebüsch. Hier findet er kleine Insekten und ist dabei sehr gut getarnt.

Weiches Kugelnest aus Moos als Kinderzimmer.

Rotkehlchen

Typisch! Rot im Gesicht und auf der Brust. Hoher und etwas trauriger Gesang.

Snick-snick Klingt es aus dem Gebüsch, als würde sich da jemand verstecken und zwei Steine gegeneinander schlagen? „Snick-snick“ – das ist der Warnruf des Rotkehlchens! In unaufgeräumten Gärten, Hecken und Wäldern mit viel Gestrüpp fühlt es sich am wohlsten. Seine Nahrung sucht es gern am Boden. Biete deshalb dem Rotkehlchen im Winter Futter in Bodennähe an.

Junge Rotkehlchen sind noch ganz gefleckt.

Rotkehlchen-Unterschlupf

Möchtest du ein Rotkehlchen in den Garten, Schulgarten oder Hinterhof locken? Suche im Herbst eine geschützte Ecke mit Büschen aus. Dort schichtest du eine große Burg aus Reisig und Laub auf. Das ist ein tolles Winterversteck und lädt Rotkehlchen im Frühjahr zum Brüten ein!

17 – 19 cm

Bachstelze

Typisch! Kontrastreich schwarz und weiß mit langem Schwanz. Wippt viel mit dem Schwanz.

Überall zuhause Ursprünglich wohnen Bachstelzen an Flussufern. Heute kannst du sie sogar mitten in Städten und auf Fabrikgeländen beobachten. Die Bachstelze ist in der Lage, sich an immer neue Lebensbedingungen anzupassen. Ihre Nahrung, kleine Insekten wie Fliegen und Mücken, findet sie fast überall. An Häusern, Lagerhallen und Brücken gibt es immer ein trockenes Plätzchen für ihr Nest.

Kurze Winterreise

Bachstelzen zählen zu den **Kurz- und Mittelstreckenziehern** unter den Vögeln. Die meisten von ihnen überwintern in Südeuropa am Mittelmeer. Dort sind die Winter milder als bei uns und es fliegen immer noch Insekten. Manche Bachstelzen ziehen auch bis nach Nordafrika.

Stelzen fliegen wellenförmig.

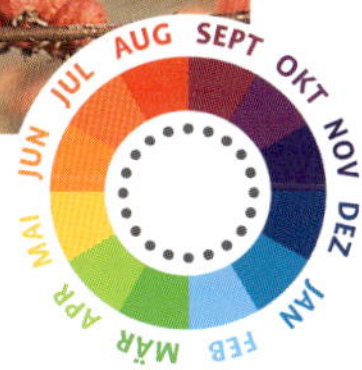

Amsel

Typisch! Männchen schwarz mit gelbem Schnabel, Weibchen braun gestrichelt.

Morgenstimmung Ursprünglich war die Amsel ein scheuer Waldvogel. Heute leben die meisten Amseln in unseren Dörfern und Städten – aber hier werden viele Gelege von Katzen entdeckt und geplündert. Geh einmal zwischen März und Mai noch vor Sonnenaufgang hinaus. Dann siehst du auf fast jedem Hausdach ein Amselmännchen sitzen und feierlich singen.

Amselnest – oft ganz nah, doch gut versteckt.

Kostbares Laub

Amseln bleiben im Winter bei uns. Bei Schnee und Frost finden sie aber nur schwer Nahrung im gefrorenen Boden. Willst du ihnen helfen? Dann reche im Herbst das Laub von Wegen und Rasen einfach unter die Büsche. So finden Amseln hier auch im Winter Regenwürmer, Käfer, Tausendfüßer und Schnecken.

19–22 cm

Star

Typisch! Schillerndes Gefieder. Sitzt oft aufrecht.

Nachgemacht! Wenn im Baum vor eurem Haus ein Rasenmäher rattert oder ein Mäusebussard miaut, dann sitzt bestimmt ein Star in der Baumkrone! Dieser Vogel macht viele Geräusche und Gesänge nach. Meist schon im Februar besetzen Stare wieder ihre Reviere und reservieren sich ihre Bruthöhle vom letzten Sommer. Zur Nahrungssuche fliegen sie auf Wiesen: Hier stochern sie Würmer und Insektenlarven aus dem Boden. Im Herbst fressen sie auch Früchte.

Schläft nicht allein

Schläfst du nicht gern allein? Stare auch nicht. Nach der Brutzeit verlassen sie ihre kuschelige Bruthöhle. Dann sammeln sie sich zu großen Schwärmen und bilden richtige Schlafgemeinschaften. Manche umfassen mehr als 1 Million Vögel! Das ist ein guter Schutz vor Feinden.

Nistkästen werden von Staren gern angenommen.

Mőnchsgrasműcke

Typisch! Hat eine dunkle Kappe auf. Flötet laut aus dem Gebüsch.

Grashalme und Spinnweben Oft schwätzt und flötet es anhaltend aus dem Gebüsch. Wenn du keinen Vogel entdecken kannst, dann ist es meist eine Grasmücke. Mönchsgrasmücken zählen tatsächlich zu unseren häufigsten Vögeln. Du triffst sie wirklich fast überall vom Wald über Hecken und Gärten bis mitten in unseren Großstädten. Ihr Nest aus Grashalmen, Wurzeln und Spinnweben liegt gut versteckt in Bodennähe.

Das Weibchen erkennst du am braunen Käppi.

Graue Schlüpfer

Der Name Grasmücke kommt vom Althochdeutschen „Gra – smucka“. Das bedeutet soviel wie „Grauschlüpfer“. Dieser alte Name bezieht sich darauf, dass Grasmücken hauptsächlich unscheinbar grau sind. Sehr oft schlüpfen sie unbemerkt durch das niedrige Gebüsch.

10–12 cm

Blaumeise

Typisch! Blaue Kappe und gelber Bauch. Singt „Ti-ti-tirrrrrrr". Etwas kleiner als ein Spatz.

Höhle gesucht! Blaumeisen sind eigentlich Waldvögel. Sie brüten in Baumhöhlen. Dort legen sie ihre 9–11 Eier. Alte, morsche Bäume mit guten Höhlen werden leider aus den meisten Wäldern weggeräumt. Deshalb brüten viele Blaumeisen heute in Nistkästen. Ihre Nahrung: kleine Blattläuse und Spinnen. Im Winter kannst du Blaumeisen mit Meisenringen und -knödeln anlocken.

Werkel-Tipp

Willst du, dass eine Blaumeise in deinem Nistkasten (Seite 11) brütet? Dann darf das Einschlupfloch nicht größer sein als 26–27 mm. Sonst zieht hier die größere Kohlmeise ein. Befestige den Deckel mit einem Scharnier. So kannst du vorsichtig einen Blick auf Eier und Küken wagen.

Das Ei ist nicht größer als dein Fingernagel!

Kohlmeise

Typisch! Große Meise mit gelbem Bauch und schwarz-weißem Kopf. Ruft „Zi-zi-bääh“.

Fleißig! Ursprünglich brüteten sie in Baumhöhlen. Doch inzwischen bewohnen die meisten Kohlmeisen Nistkästen in unseren Gärten. Auch an der Winterfütterung sind die wenig scheuen und häufigen Meisen meist als erste zur Stelle. Um ihre 7–10 Küken satt zu bekommen, müssen Meiseneltern jede Minute eine Raupe bringen – und das von 5.30 Uhr bis 21.30 Uhr. Insgesamt fliegen sie rund 15 000-mal, bis ihre Küken ausfliegen können.

Ganz schön eng, so ein Kinderzimmer!

Nesthocker

Kohlmeisen-Küken sind echte Nesthocker. Im Gegensatz zu den Nestflüchtern (z. B. Enten) kommen Nesthocker nur wenig entwickelt zur Welt: Oft sind sie noch ganz nackt und hilflos. Sie sind darauf angewiesen, über Wochen von ihren Eltern intensiv gepflegt und versorgt zu werden.

12 – 15 cm

Kleiber

Typisch! Wie ein kleiner Specht mit orangem Bauch und schwarzem Augenstreif. Ruft laut „twiet-twiet".

Immer am Baum Den Kleiber siehst du an alten Laubbäumen. Hier rennt er Baumstämme hoch und runter – und das sogar kopfüber! Dabei stochert er mit seinem kräftigen Schnabel Insekten und Spinnen aus der Rinde. Im Winter finden Kleiber weniger zu essen. Sie kommen deshalb auch ans Futterhäuschen: Hier holen sie sich am liebsten Sonnenblumenkerne.

Zugeklebt!

Kleiber bedeutet soviel wie „Kleber". Die Vögel brüten meist in alten Spechthöhlen. Dazu müssen sie aber Feinden wie Eichhörnchen und Mardern den Weg in die Höhle versperren: Sie verkleben den Eingang der Höhle so weit mit Lehm, bis sie gerade noch selbst hindurch passen.

Mit Lehm verkleinerter Höhleneingang.

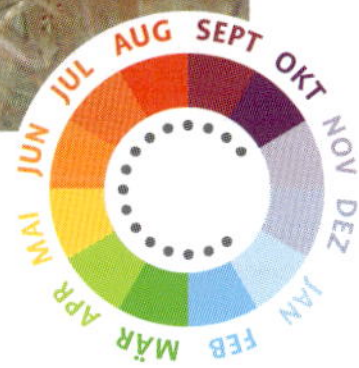

Feldlerche

Typisch! „Hängt“ hoch oben am Himmel und tiriliert ausdauernd.

Brüten ohne Erfolg Lerchen brüten in offenen Wiesen- und Ackerlandschaften, in Dünen und auf Ödland. Im Februar kommen die Feldlerchen aus ihren Winterquartieren zurück. Dann singen sie oft minutenlang am Himmel über den Feldern, aber leider immer seltener. Denn die meisten Bruten bleiben heute leider erfolglos. Unsere intensive Landwirtschaft verwendet zu viel Dünger und Gifte.

Im Flug sind die breiten Flügel typisch.

Auf der Roten Liste

Bis in die 1970er Jahre hat niemand über die Feldlerche geredet. Sie war einfach da, überall und extrem häufig. Dann kam es innerhalb weniger Jahre zu dramatischen Bestandsrückgängen um bis zu 90 %. Heute findest du die Feldlerche auf der Roten Liste der bedrohten Vögel.

14–16 cm

Buchfink

Typisch! Unser häufigster Fink.

Vogel überall Überall da, wo es Bäume gibt, gibt es auch Buchfinken: in Wäldern ebenso wie in Gärten und mitten in der Stadt. Am auffälligsten ist der Gesang der Männchen: Oft über 1000-mal am Tag schmettern sie ihr „'s-gibt-gibt-gibt-gibt-würzig'-Bier" aus den Baumkronen. Ihre Nahrung suchen Buchfinken am Boden: Ganz typisch ist dabei ihr trippelnder Gang (vergleiche Hausspatz, Seite 107). Beim Auffliegen siehst du die weißen Flügelabzeichen und weiße Schwanzkanten.

Die Weibchen mögen es warm

Im Winter siehst du häufig Buchfinken im Schwarm mit anderen Finken umherfliegen. Doch es sind fast nur Männchen. Wo sind denn ihre Weibchen? Denen ist es im Winter zu kalt und ungemütlich bei uns. Sie ziehen lieber ein Stück in Richtung Süden.

Schlicht: das Buchfinken-Weibchen.

Grünfink

Typisch! Gelb-grün mit kräftigem Finkenschnabel. Ruft den Anfang seines Namens: „Grüüüüüü“.

Grün und streitlustig Grünfinken bewohnen Landschaften mit offenen Flächen und einzelnen Gebüschen oder Bäumen. Am häufigsten triffst du sie in Gärten, Parks und Siedlungen. Hier beginnen sie schon früh im Jahr mit dem Nestbau. Nicht selten klauen sie sich gegenseitig Material aus den Nestern. Im Winter ziehen sie in Schwärmen umher und vertreiben auch mal andere Vögel vom Futterhaus.

Im Winter mit Meisen am Futterplatz.

Gern in der Stadt

In Großstädten fühlen sich Grünfinken richtig wohl, denn sie sind wenig scheu. Wo viele Menschen wohnen, da finden sie auch viel zu fressen. Manche Grünfinken brüten sogar in Balkonkästen. Im Winter sind sie neben Amseln und Meisen die häufigsten Gäste am Futterhäuschen.

12–14 cm

Stieglitz

Typisch! Bunter Fink mit roter Maske. Ruft seinen eigenen Namen: „Stiege-litt".

Sonne und Samen Der Stieglitz braucht nur einzelne Bäume, in denen er sein Nest bauen kann. Seine Nahrung wächst auf offenen, sonnigen Wiesen. So brütet er gern in Alleen, Obstgärten und Dörfern. Von hier aus fliegt er auf samenreiche Wiesen, auf Ödland und Bahndämme mit Disteln und Kletten. Mit seinem spitzen, recht langen Schnabel pickt er hier geschickt die Samen heraus.

Manche bleiben da

Stieglitze zählen zu den **Teilziehern**: Die meisten ziehen im Oktober nach Südeuropa, einige sogar bis nach Nordafrika. Manche überwintern auch in Mitteleuropa. Da sie nicht weit fortziehen, kehren sie schon im März wieder zurück in ihre Brutgebiete.

Der Stieglitz wird auch Distelfink genannt.

Gimpel

Typisch! Pfeift sanft „diü…diü…“. Mit weißem Bürzel. Wird trotz seiner leuchtenden Färbung oft übersehen.

Fein und leise Gimpel brüten gern in Fichtenwäldern, aber auch in Parks und Gärten. Obwohl es kräftige Vögel sind und die Männchen zudem sehr bunte Federn haben, fallen sie kaum auf. Das liegt wohl daran, dass Gimpel sehr ruhige Vögel sind. Sie streiten selten und singen auch nur fein und leise. Früher waren es beliebte Käfigvögel – sie können nämlich Lieder vom Menschen nachpfeifen!

Das Weibchen hat einen braunen Bauch.

Die knacken Samen

Gimpel haben einen kräftigen, dreieckigen Schnabel. Daran erkennst du, dass sie am liebsten Samen und Knospen abrupfen und futtern. Die harten Hüllen der Samen schälen sie vorher sorgsam ab. Liegen die Samen im Inneren von Früchten, so schleudern sie das Fruchtfleisch weg.

12 – 14 cm

Feldsperling, Feldspatz

Typisch! Braunes Käppi und schwarzer Wangenfleck.

Männlein oder Weiblein? Beim Feldspatz sehen sich Männchen und Weibchen zum Verwechseln ähnlich! Aber die Jungvögel kannst du unterscheiden: Ihr Wangenfleck ist noch blass. Feldspatzen brüten gern am Dorfrand in Nistkästen und an Wegrändern mit dichtem Gebüsch. Sie ernähren sich von Samen aber auch von Spinnen und Insekten. Besonders gern mögen sie Getreide.

Hunger im Winter

Nach der Brutzeit ziehen Feldspatzen in Trupps umher. Gemeinsam sind sie auf der Suche nach guten Nahrungsquellen. Früher fanden sie auf Höfen und Feldern reichlich Getreideabfälle und auf Ödland genug Samen. Heute fällt es Feldspatzen oft schwer, über den Winter zu kommen.

Der Feldspatz brütet gern in Höhlen.

Haussperling, Hausspatz

Typisch! Die Männchen erkennst du an der schwarzen Kehle. Rufen „tschilp".

Immer in Kolonien Hausspatzen fühlen sich nur wohl, wenn in der Nähe noch mindestens 5–20 weitere Hausspatzen-Paare brüten. Gemeinsam tschilpen und zetern sie den ganzen Tag. Sie baden gern im Sand oder auch im Wasser. Dabei passt immer einer gut auf den anderen auf: Nähert sich eine Katze, fliegt der ganze Schwarm auf. Am liebsten brüten sie in Höhlen und Spalten am Mauerwerk – oft gut versteckt unter Ritzen von Dächern.

Weibchen und Junge: Kein schwarzer Kehlfleck.

Frech und anpassungsfähig

Hausspatzen lieben Straßencafés. Natürlich können sie sich hier nichts selber bestellen. Aber was um die Tische herum für sie abfällt, genügt ihnen vollkommen! Wo immer Tiere gefüttert werden – ob im Tierpark oder die Tauben auf dem Marktplatz – da kommen auch Hausspatzen, meist in Scharen.

60 – 100 cm

Ringelnatter

Typisch Unsere häufigste Schlange. Wichtigstes Merkmal sind die gelben Halbmondflecken am Hals.

Wasserschlange Ringelnattern sind praktisch in jedem Lebensraum zu finden, da sie in Bezug auf ihre Nahrung nicht sehr wählerisch sind. Ihr bevorzugtes Jagdgebiet sind aber Teiche und Moore, wo sie im Wasser schwimmend Frösche, Kröten, Kaulquappen, Molche und Fische erbeuten. Ihre Eier legt die Ringelnatter in Ansammlungen vermodernder Pflanzen, auch in von Menschen angelegten Komposthaufen.

Fange keine Schlange!

Ringelnattern sind ungiftige und harmlose Schlangen, die immer versuchen, vor dem Menschen zu fliehen. Versuche dennoch niemals, eine Schlange zu fangen! Du könntest die harmlose Ringelnatter mit der schwarzen Form der giftigen Kreuzotter verwechseln.

Schwimmt und taucht nach Beute.

Kreuzotter

Typisch Dunkles Zickzackband auf dem Rücken. Es gibt aber auch ganz schwarze Kreuzottern!

Achtung Giftschlange! Die Kreuzotter bewohnt am liebsten Moore und Sümpfe sowie die Hochlagen der Gebirge. Gemeinsam ist diesen Lebensräumen, dass es hier nachts kühl und tagsüber sehr warm werden kann. Daneben besiedelt sie aber auch Steinbrüche, Waldränder und auch Bergwiesen. Ihre Beute besteht aus Fröschen, Mäusen, Eidechsen und jungen Vögeln, die sie mit einem Giftbiss tötet.

Ihre Giftzähne sitzen vorn im Oberkiefer.

Fiese Bisse

Kreuzottern ziehen es immer vor, vor dem Menschen zu fliehen und beißen nur im Notfall. Dabei tritt eine giftige Flüssigkeit aus Kanälen in speziellen Giftzähnen. Ihr Gift ist äußerst schmerzhaft, aber selten tödlich. Immer muss der Gebissene zum Arzt!

Um 20 cm

Sumpfschildkröte

Typisch Sonnt sich gern ausgiebig auf im Wasser treibendem Totholz.

An bewachsenen Teichen Sumpfschildkröten waren früher an praktisch jedem krautigen Teich anzutreffen. Sie waren so häufig, dass man sie sogar fing, um sie zu essen! Heute brauchst du schon mehr Glück, um eine zu entdecken. Die Nahrung von Sumpfschildkröten besteht hauptsächlich aus Schnecken, Würmern und Wasserpflanzen. Ihre Eier legt sie an Land in trockenen Sand und lässt sie von der Sonne ausbrüten.

Winter auf Tauchstation

Sumpfschildkröten halten zwar keinen richtigen Winterschlaf wie Säugetiere, doch sie fallen im Winter auch in einen Starrezustand, in dem sie wenig Energie verbrauchen. Dazu ziehen sie sich zwischen Wurzeln in etwa 50 cm tiefes Wasser im Uferbereich zurück.

Schildkrötenbabys schlüpfen aus Eiern.

30 – 50 cm

Blindschleiche

Typisch Oberseite bronzefarben glänzend, der Kopf geht übergangslos in den Rumpf über (kein schmaler „Hals“).

Harmlos! Die Blindschleiche ist gar keine Schlange und für Menschen absolut ungefährlich. Im Grunde ist sie eher eine Eidechse ohne Beine. Anders als bei Schlangen wirkt ihr Körper recht steif und wenig geschmeidig. Ihr Lebensraum ist sehr vielfältig, sie hat es aber gern feucht. Ihre Nahrung besteht hauptsächlich aus Nacktschnecken, Würmern und Asseln. Sie kommt auch in Dörfern und Städten vor.

Frisch geborene Blindschleichenkinder.

Ist die wirklich blind?

Zu ihrem deutschen Namen „Blindschleiche“ kam das Tier durch einen Übersetzungsfehler: Im althochdeutschen heißt sie „plintslicho“, was übersetzt „blinkender“ (glänzender) Schleicher bedeutet, nicht aber „blinder Schleicher“. Und blind ist sie wahrlich nicht!

20 – 25 cm

Zauneidechse

Typisch Plumpe Eidechse mit kräftigen Armen und Beinen und großem Kopf. Männchen auffallend hellgrün gezeichnet.

Sonnenanbeterin Eidechsen zählen zu den sogenannten wechselwarmen Tieren, das heißt ihre Körpertemperatur ist nicht gleichbleibend wie bei uns Menschen, sondern sie ist abhängig von der Umgebungstemperatur. Deshalb sieht man Eidechsen früh am Morgen oft beim Sonnenbaden: So heizen sie ihren Körper auf, um anschließend flink auf Insektenjagd gehen zu können.

Ausgebrütet

Im Mai oder Juni scharrt das Weibchen eine Kuhle in den Boden, legt 10 bis 14 Eier hinein und verschließt das Nest sorgfältig. Die Sonne brütet nun 6 Wochen lang die Eier aus. Frisch geschlüpfte junge Zauneidechsen sind 5–6 cm lang und haben auffallend große Köpfe.

Weibchen mit schlüpfenden Jungtieren.

10 – 18 cm

Waldeidechse

Typisch Kleine und zierliche Eidechse, die sehr unterschiedlich gefärbt sein kann.

Kommt mit Kälte klar Waldeidechsen bewohnen sehr viele verschiedenartige Lebensräume von Wäldern über Dünen, Trockenmauern und Feuchtwiesen bis hin zum kahlen Hochgebirge und den Tundren im hohen Norden. Damit dringt sie unter allen europäischen Eidechsen am weitesten in echte Kältegebiete vor. Ihre Nahrung besteht hauptsächlich aus Insekten, Spinnen, Hundertfüßern und Schnecken.

Soeben geboren: junge Waldeidechsen.

Bringt lebende Junge zur Welt

Anders als andere Eidechsen legt die Waldeidechse meist keine Eier, sondern bringt 4 bis 10 vollständig entwickelte, kleine Eidechsen zur Welt. Doch in manchen Gegenden kann sie auch einfach Eier ablegen wie andere Eidechsen.

10 cm

Teichmolch

Typisch Bewohnt am liebsten sonnige Teiche mit vielen Wasserpflanzen, auch in naturnahen Gartenteichen ohne Goldfische.

Hochzeit im Teich Sobald im Frühjahr die Sonne das Wasser im Teich aufwärmt, kommen die Teichmolche aus ihren Winterverstecken hierher, um sich zu paaren. Je nach Wetter geschieht das zwischen Februar und Mai. Das Männchen verwandelt sich jetzt in einen schicken Mini-Drachen mit gewelltem Rückenkamm, blau getupfter Seite und knalliger Unterseite. Aus den Eiern schlüpfen Larven, die bis zum nächsten Jahr im Teich leben.

Wo seid ihr im Winter?

Im Herbst verlassen sie den Teich und suchen sich feuchte, frostfreie Verstecke unter Steinen, Ästen oder in der Erde unter Laub. Hier verbringen die Molche den Winter in einer Kältestarre. Im Frühjahr krabbeln sie wieder zurück in den Teich.

Der Bauch ist knallig orange gemustert.

Feuersalamander

Typisch Nur in naturnahen Laubwäldern mit klaren, kühlen Bächen. Bevorzugt im hügeligen Bergland.

Ein richtiger Regenmolch Willst du Feuersalamandern begegnen, so gehst du am besten bei heftigen Regenfällen im Wald spazieren! Ansonsten sind die heimlichen Tiere nämlich nur nachts unterwegs. Sie erbeuten Asseln, Würmer, Schnecken und Insektenlarven am Waldboden. Ins Wasser geht der erwachsene Salamander nicht – auch nicht zur Paarung wie Molche und Frösche. Nur seine Larven wachsen in klaren, sauerstoffreichen Waldbächen heran.

So wächst ein Feuersalamander heran.

Die Geburt der Larven

Anders als andere Molche legt das Feuersalamander-Weibchen keine Eier. 8 Monate lang trägt sie ihren Nachwuchs im Bauch. Dann wandert sie ans Wasser und bringt ihre 2,5 cm großen Larven zur Welt. Diese sind nach 2 bis 3 Monaten fertig entwickelt.

7 – 10 cm

Erdkröte

Typisch Goldene Augen und warzige Haut.

Achtung – Krötenhochzeit! Im März ist es wieder so weit! In den ersten milden, regenreichen Nächten kommen alle Erdkröten gleichzeitig aus ihren Winterverstecken an Land und wandern zu ihrem Teich, um sich zu paaren und Eier zu legen. Diese Wanderungen sind sehr gefährlich, weil sie oft über viel befahrene Straßen führen. Bittet Eure Eltern, in der Dämmerung nun besonders achtsam und langsam zu fahren und dabei auf wandernde Kröten zu achten!

Perlenketten im Wasser

Erdkröten legen sogenannte Laichschnüre: Ihre Eier liegen aufgereiht in meterlangen Bändern aus durchsichtigem Glibber. Diese Schnüre spannen sie sorgsam zwischen Röhricht oder Ästen unter Wasser auf. Nach 1 bis 2 Wochen schlüpfen die Kaulquappen.

Erdkröte mit ihren Laichschnüren.

Laubfrosch

Typisch Leuchtend grün mit dunklen Seitenstreifen, ruft laut und rau „app…äpp…äpp“ bis weit in die Nacht hinein.

Kleiner Kletterkünstler Laubfrösche findest du selten am Boden herumhüpfend wie andere Frösche, denn meist hangeln sie sich durchs Geäst wie kleine Affen! Hier jagen sie ihre Lieblingsspeise: Käfer, Fliegen und Mücken. Damit sie nicht herunterfallen, haben sie an Fingern und Zehen runde, klebrige Haftscheiben ausgebildet – damit saugen sie sich bei jedem Griff fest.

Ein Frosch, der klettern kann!

Mag keinen Fisch

Laubfrösche brauchen zum Ablegen ihrer Eier sonnige, flache und warme Gewässer mit vielen Wasserpflanzen und Gebüsch am Ufer. Am liebsten haben sie Tümpel, in denen keine Fische leben – denn die würden ihre Eier im Nu verspeisen!

9 – 12 cm

Teichfrosch

Typisch Grün mit dunklen Flecken. Häufigster Frosch im Gartenteich.

Quakt den ganzen Sommer Im Gegensatz zum Grasfrosch, der nur für wenige Tage im März zum Teich kommt, um sich zu paaren, findest du Teichfrösche praktisch den ganzen Sommer über am Wasser. Die Paarungszeit dauert von April bis Juni und dabei quaken die Männchen lautstark nach Weibchen. Doch sie quaken auch, um andere Männchen zu vertreiben. Oft kommt es auch zu Rangeleien, bei denen sie sich gegenseitig untertauchen.

Sind Frösche im Teich erlaubt?

Stell dir das mal vor: Teichfrösche haben schon oft zu Streitereien zwischen Erwachsenen geführt: Weil die Frösche so laut im Gartenteich gequakt haben, dass die Nachbarn nicht mehr schlafen konnten! Doch Frösche lassen sich das Quaken nicht verbieten.

Männchen mit zwei seitlich ausstülpbaren Schallblasen.

Grasfrosch

Typisch Bräunlicher Frosch, im März in Massen im Teich.

Märzfrösche Im März, nach den ersten frostfreien Nächten, hörst du plötzlich ein Brummen und Knurren aus dem Teich und überall platscht es heimlich, wenn du dich dem Wasser näherst. Die Grasfrösche sind aus ihrer Winterstarre erwacht und treffen sich in Riesenscharen im Teich zur Hochzeit! Jedes Paar legt einen Klumpen aus Eiern ab – jedes davon ist von einer schützenden Hülle aus Wackelpudding umhüllt.

Ein Laichballen enthält oft über 1000 Eier.

Tausende kleiner Kaulquappen

Je nach Wetter schlüpfen nach einigen Tagen oder Wochen die winzigen, schwarzen Kaulquappen aus ihrer glibberigen Eihülle. Noch sehen sie aus wie kleine Fische, doch bis zum Sommer verwandeln sie sich in richtige Mini-Frösche und verlassen den Teich.

bis 150 cm

Aal

Typisch Schlangenförmiger Fisch.

Weltenbummler Der Aal ist ein richtiger Wanderfisch: In seinem Leben durchquert er gleich zweimal den Atlantischen Ozean! Im Alter von 15 Jahren schwimmen die Aale flussabwärts in Richtung Meer – bis vor die Küste Mittelamerikas. Hier, in der warmen Sargassosee, legen alle Aale ihre Eier ab. Die winzigen Jungaale werden nach dem Schlupf aus den Eiern mit der Strömung wieder nach Europa gedriftet und wandern hoch in unsere Flüsse.

Eingesetzt

Als wandernde Fischart kommt der Aal ursprünglich nur in solchen Seen und Flüssen vor, die mit dem Meer in Verbindung stehen. Doch weil er ein beliebter Speisefisch ist, hat der Mensch ihn auch in vielen anderen Gewässern ausgesetzt.

Die Wanderroute unserer Aale.

Bachforelle

Typisch Getupfte Oberseite. Nur in klaren, kühlen und sauberen Bächen.

Die Rotgetupfte Bachforellen bilden unter Wasser richtige Reviere aus, die sie gegen Artgenossen verteidigen. Zu einem guten Bachforellen-Revier gehören überhängende Wurzeln zum Verstecken, Felsblöcke, die die Strömung beruhigen sowie tiefe Gumpen, also Mulden im Bachbett. Nur während der Laichzeit im Winter verlassen Bachforellen kurzfristig ihre Reviere und ziehen bachaufwärts, um ihre Eier dort in den kiesigen Gewässergrund zu legen.

In solchen Bächen sind Bachforellen zuhause.

Selten geworden

Früher war die Bachforelle noch häufig, heute ist sie eher eine Seltenheit. Viele unserer Bäche bieten ihr keinen Unterschlupf mehr, weil man die Ufer einfach begradigt hat. Und in verschmutztem Wasser kann die Forelle auch nicht überleben.

30–50 cm

Karpfen

Typisch Großer Fisch mit Barteln am Maul. Gezüchtete Karpfen leben in vielen Fischteichen.

Gar nicht so wild Ursprünglich ist der Karpfen in warmen Gewässern Asiens zuhause. In Europa kommt er wild nur in wärmeren Regionen vor. Was bei uns in Karpfenteichen lebt, das sind Zuchtformen des Wildkarpfens. Sie haben einen höheren Rücken als die Wildform und es gibt sie in vielen verschiedenen Züchtungen wie den Spiegelkarpfen mit seinen wenigen, sehr großen Schuppen. Unsere natürlichen Gewässer sind dem Karpfen zur Fortpflanzung zu kalt.

Fisch mit Rüssel

Der Karpfen sucht seine Nahrung am schlammigen Bodengrund seiner Wohngewässer. Dazu kann er sein Maul zu einem kurzen Rüssel ausstülpen: so durchwühlt er den Schlamm nach Würmern, Kleinkrebsen, Schnecken und anderen Tierchen.

So sieht die Wildform des Karpfens aus.

Rotfeder

Typisch Rote Flossen. Im Sommer oft in Schwärmen an der Wasseroberfläche zu sehen.

Gefährlicher Sommer Rotfedern leben in Gewässern mit vielen Unterwasserpflanzen. Sie ernähren sich von Algen und weichen Blättern, aber auch von kleinen Wasserinsekten. Im Sommer, wenn der Sauerstoff im Wasser knapp wird, stehen sie oft in dichten Schwärmen knapp unterhalb der Wasseroberfläche. Hier werden sie zur leichten Beute für den Hecht, der oft urplötzlich mit lautem Platschen in so einen Schwarm springt.

Rotfedern sind Schwarmfische.

Nachwuchs im Mai

Im Mai suchen Rotfedern in großen Gruppen flache, pflanzenreiche Uferzonen auf. Jedes Weibchen heftet 50 000 bis 200 000 Eier an Stängel und Blätter. Aus ihnen schlüpfen, abhängig von der Wassertemperatur, nach 3 bis 10 Tagen die kleinen Fischchen.

5–8 cm

Dreistachliger Stichling

Typisch Kleiner Fisch mit 3 Stacheln auf dem Rücken.

Vaterfamilie Längst nicht alle Fische legen ihre Eier einfach irgendwo ins Wasser! Das Stichlings-Männchen baut ein richtiges Nest am Gewässergrund und lockt dann mit auffälligen Zickzacktänzen ein Weibchen an, damit es seine Eier ins Nest legt. Gleich danach schwimmt das Weibchen fort und das Männchen besamt die Eier im Nest. Von nun an bewacht und pflegt der Vater seinen Nachwuchs, bis die Jungfische groß genug und selbständig sind.

Toll fürs Aquarium!

Stichlinge sind wegen ihres faszinierenden Verhaltens ideale und beliebte Fische für ein Kaltwasseraquarium (es sind ja keine tropischen Fische, die es warm brauchen!) mit reichlich Bepflanzung. Das richtige Lebendfutter bekommst du im Zoohandel.

Knallroter Bauch: Männchen zur Paarungszeit.

Gründling

Typisch Häufiger, langgestreckter Grundfisch, meist in kleinen Trupps.

Toller Teichfisch! Gründlinge sind typische Grundfische. Zur Nahrungssuche durchwühlen sie den Bodengrund und futtern hier Kleintiere und Aas. So sorgen die anspruchslosen, kleinen Fische dafür, dass nichts am Gewässerboden fault – und das Wasser bleibt sauber. Wer einen eigenen Gartenteich hat, der sollte hier ruhig einen Schwarm Gründlinge einsetzen – man sieht sie zwar selten, aber dafür hat man einen kostenlosen Reinigungsdienst!

Gründlinge fängt man mit einer Senke.

Was ist eine Senke?

Fische zu keschern ist nicht leicht – die meisten sind einfach zu schnell! Einfacher geht es mit einer Senke (Hebenetz): Du lässt das Netz bis auf den Grund sinken und wartest ruhig ab, bis Fische darüber schwimmen. Dann hebst du es vorsichtig an.

meist bis 30 cm

Flussbarsch

Typisch Fisch mit hohem Rücken, dunklen Streifen und stacheligen Rückenflossen.

Zebra mit roten Flossen Obwohl er „Flussbarsch“ heißt, kannst du ihn praktisch auch in jedem Teich oder See finden, denn Barsche sind sehr anpassungsfähig. Sie leben sogar in Flussmündungen und auch im salzigen Meerwasser. Da sie am liebsten in Ufernähe schwimmen, sind sie auch vom Land aus gut zu beobachten und mit etwas Geschick auch zu keschern. Besser geht es mit einer sogenannten Senke (Seite 125)!

Warum bist du gestreift?

Durch die dunklen Streifen sind Barsche für andere Fische nicht so leicht als Fisch zu erkennen. Das klingt verrückt, ist aber wahr: Die Streifen „unterbrechen“ den Fischkörper und dadurch ist er im Pflanzengewirr unter Wasser schwieriger auszumachen.

Jungbarsche schwärmen gemeinsam umher.

Hecht

Typisch Ein langer Fisch mit einer Schnauze wie ein Entenschnabel.

Lauert im Pflanzengewirr Hechte habe endlose Geduld. Völlig regungslos können sie stundenlang zwischen Wasserpflanzen verharren, um dann urplötzlich pfeilschnell vorzupreschen und schnapp – schon packt ihr Riesenmaul zu. Der Hecht vertraut auf seine Tarnung und wartet, bis ihm die Beute praktisch vors Maul schwimmt. Das sind hauptsächlich andere Fische, aber auch Frösche oder Küken von Wasservögeln.

Viele messerscharfe Zähnchen verraten den Räuber!

Angelfisch Nr. 1

Der Hecht ist ein sehr beliebter Angelfisch. Am besten fängt man ihn mit sogenannten „Wobblern“: Das sind kleine, bunte Fische aus Plastik mit Haken dran. Um an einem Gewässer angeln zu dürfen, benötigst du einen Angelschein.

1 – 1,5 cm

Stechmücke

Typisch Insekt, dessen Stich juckende Quaddeln hinterlässt. Besonders aktiv in der Dämmerung.

Lästige Weibchen Stechmücken haben viele Namen: In manchen Regionen nennt man sie „Gelse“ oder „Schnake“, in anderen „Moskito“. Die Weibchen der Stechmücken haben stechende Mundwerkzeuge ausgebildet, denn zur Entwicklung ihrer Eier benötigen sie Blutmahlzeiten. Mit ihrem Stich spritzen sie einen Stoff in unsere Haut, der die Blutgerinnung hemmt. Dieser Stoff sorgt auch für die juckenden Quaddeln nach einem Mückenstich.

Immer am Wasser

Ihre Eier legen die Weibchen aufs Wasser oder in feuchte Erde. Dazu genügen ihnen auch winzige Pfützen. Aus den Eiern schlüpfen bald die Mückenlarven. Sie hängen kopfüber an der Wasseroberfläche. Bei Gefahr tauchen sie blitzschnell ab.

Mückenlarven hängen an der Wasseroberfläche.

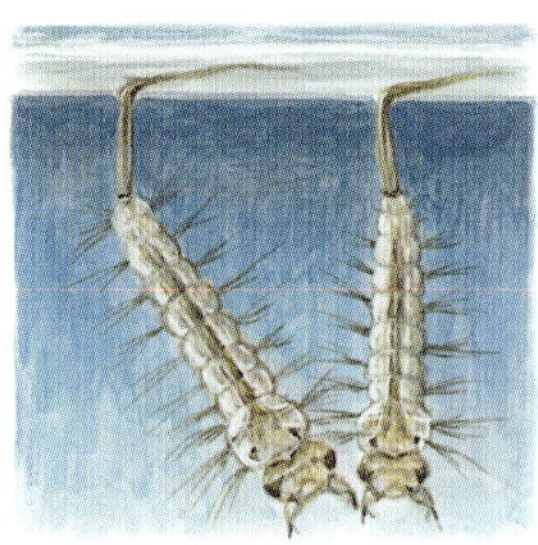

Stubenfliege

Typisch Fliege mit roten Augen, die Maden sind weißlich und werden bis 1 cm lang. In Tierkadavern befinden sich oft sehr viele Fliegenmaden.

Überträger von Krankheiten Stubenfliegen legen ihre Eier in Aas, Tiermist und faulige Stoffe. Denn davon ernähren sich ihre Larven, die Fliegenmaden. Landet eine Stubenfliege hinterher auf Nahrungsmitteln, so kann sie durch an ihren Füßen haftende Bakterien zahlreiche Krankheiten und Würmer übertragen. Deshalb solltest du nicht erlauben, dass Fliegen auf deinem Essen landen!

Die Maden der Stubenfliegen sehen aus wie weiße Würmer.

Die spucken aufs Essen

Was du bei Tisch vermutlich nicht darfst, ist bei Stubenfliegen ganz normal: Sie spucken auf das, was sie essen wollen. Warum sie das tun? So löst sich feste Nahrung wie Zucker auf und sie können den Brei mit ihrem Saugrüssel aufschlecken.

1 cm

Regenbremse

Typisch Fliege mit schillernden Augen, die schmerzhaft sticht und juckende Quaddeln hinterlässt. Am liebsten in Gewässernähe.

Fiese Flieger Bremsen mögen Feuchtigkeit, deshalb sind sie an schwülwarmen Tagen besonders aktiv – und an Badestellen am See. Solange die Haut verschwitzt ist oder noch feucht vom Baden, stechen sie besonders gern zu. Gemein: Sie nähern sich fast geräuschlos und landen gern da, wo wir sie nicht sofort bemerken, wie an der Unterseite unserer Arme oder Beine. Ihr Stich ist schmerzhaft und hinterlässt juckende Quaddeln.

Das war ein Weibchen!

Hat Dich eine Bremse erwischt? Dann war es ganz bestimmt ein Weibchen. Denn nur sie brauchen Blutmahlzeiten, damit sich die Eier in ihrem Körper entwickeln können. Bremsen-Männchen sind allesamt harmlose Blütenbesucher.

Hier hat eine Bremse zugestochen.

1 cm

Schwebfliege

Typisch Sieht aus wie eine Wespe – ist aber keine!

Schaf im Wolfspelz Mit ihren Streifen tun Schwebfliegen so, als seien sie Wespen. So sind sie vor Fressfeinden sicher. Dabei sind Schwebfliegen völlig harmlos – sie können überhaupt nicht stechen! Den Unterschied zu Wespen erkennst du im Flug: Schwebfliegen „stehen“ oft wie Hubschrauber in der Luft vor Blüten und haben nur 1 Flügelpaar (Wespen haben 2 Flügelpaare), außerdem viel größere Augen und viel kürzere Fühler als Wespen. Sie werden niemals lästig, sondern mögen nur Blütenpollen und Nektar.

Typisch: Schwebfliegen sind Blütenbesucher.

Sehr nützlich im Garten

Schwebfliegen-Weibchen legen ihre vielen hundert Eier auf Blattlaus-Kolonien ab. Ihre Larven vertilgen pro Tag bis zu 100 Läuse. So sind Schwebfliegen hilfreiche Nützlinge im Garten. Bio-Landwirte setzen deshalb Schwebfliegen in ihre Gewächshäuser.

0,5 – 1 cm

Waldameise

Typisch Kräftige, schwarzrote Ameise. Der Ameisenhügel im Wald kann über 1 m hoch werden.

Ritterburg im Wald Ein Ameisenhügel funktioniert wie eine riesige Ritterfestung, in der bis zu 2 Millionen Ameisen leben können. Jede hat hier eine Aufgabe. Es gibt Königinnen, Jäger, Kindergärtner und viele Ritter, die nahende Angreifer mit Ameisensäure bespritzen.
Rote Waldameisen sind sehr nützlich, denn sie vertilgen schädliche Waldinsekten.

Zaubertrick mit Ameisensäure

Wie du aus einer blauen Blüte im Wald eine rosafarbene zauberst? Ganz einfach: Zupfe eine Blüte ab und wirf sie auf einen Ameisenhügel. Die Ameisen bespritzen ihren „Feind“ mit Säure – so wird aus Blau oder Lila im Nu Rosa.

So verspritzt die Rote Waldameise ihr Gift.

Wiesenameise

Typisch Klein und blassgelb, lebt nur unterirdisch. Auffällig sind aber ihre großen, grasbewachsenen Ameisenhügel auf der Wiese!

Honigtau und Läuse Auf diesen grasbewachsenen Ameisenhügeln sieht man fast nie eine einzige Ameise – und man entdeckt auch keine Ein- oder Ausgänge. Denn die Wiesenameisen kommen fast nie ans Tageslicht! Ihre Nahrung finden sie unter der Erde: Hier leben winzige Läuse an den Wurzeln der Gräser. Diese Läuse scheiden süße Honigtropfen aus – das ist die Hauptnahrung der Ameisen.

Typische Hügel der Wiesenameise.

Ameisenhochzeit

Im Sommer schlüpfen aus bestimmten Eiern geflügelte Ameisenmännchen und -weibchen. Sie schwärmen aus und paaren sich. Die befruchteten Weibchen sind die jungen Königinnen und gründen einen neuen Ameisenstaat auf der Wiese.

1–2 cm

Gartenhummel

Typisch Dicker Pelz, weißes Hinterteil und 3 leuchtend gelbe Streifen.

Königin sucht Zuhause Früh im März siehst du große Hummeln von Blüte zu Blüte fliegen. Jede davon ist eine echte Königin, die sich nach dem langen Winter ohne Nahrung erst einmal stärken muss. Oft siehst du sie in Ritzen im Erdboden verschwinden: Sie ist auf der Suche nach einer geschützten Höhle, in der sie ihr Nest bauen und Eier legen kann. Daraus schlüpfen die Arbeiterinnen. Sie sind mit 1 cm nur halb so groß wie die Königin.

Schau mir auf den Popo

Hummeln lassen sich am besten an der Farbe ihres Hinterteils voneinander unterscheiden: Bei Garten- und Erdhummel ist er weiß, bei Wiesen- und Steinhummel richtig leuchtend orange und bei der Ackerhummel gräulich-schwarz oder braun.

Links Erdhummel, oben Steinhummel, unten Ackerhummel.

Honigbiene

Typisch Bräunliche, eher unscheinbare Biene.

Sie bringt unseren Honig Honigbienen bilden riesige Staaten, in denen 40 000 bis 60 000 Tiere leben können. Ihre Nester (Waben) fügen sie aus vielen tausend Zellen aus Wachs zusammen. In einem Teil der Waben wachsen ihre Larven auf, andere Teile dienen dazu, Honig- und Pollenvorräte für schlechte Zeiten einzulagern. Den Honig bilden Bienen aus Blütennektar, dem noch bestimmte Stoffe aus ihren Drüsen beigefügt werden.

Das Nest besteht aus vielen sechseckigen Brutzellen.

Mächtig: Das Zeichen der Biene

Schon die alten Ägypter erkannten vor 4000 Jahren, dass Bienen äußerst nützliche Haustiere sind, und viele hielten sich Bienen zur Honiggewinnung. Das Zeichen der Biene galt als Machtzeichen für die Herrschaft ihres Königs, des Pharaonen.

1–2 cm

Wespe

Typisch Schwarzgelb gestreift mit Wespentaille. Kann sehr lästig werden und sticht, wenn sie sich bedroht fühlt.

Leben im Staat Im April erwacht die Wespenkönigin aus ihrer Winterstarre und trinkt sich erst einmal mit Blütennektar voll. Dann beginnt sie, aus zerkautem, morschem Holz ein Nest mit mehreren Brutzellen zu bauen. Aus den Eiern, die sie hineinlegt, schlüpfen ihre ersten Arbeiterinnen. Das sind Weibchen, die keine Eier legen können. Sie haben nur die Aufgabe, die weiteren Eier und Larven der Königin zu versorgen.

Wie wird man Königin?

Erst spät im Sommer legt die Königin Eier, aus denen Weibchen und Männchen schlüpfen, die Kinder bekommen können. Diese verpaaren sich. Die befruchteten Weibchen überleben den Winter und werden im nächsten Frühjahr die neuen Königinnen sein.

Blick in die Wabe mit Arbeiterinnen, Königin und Larven.

Hornisse

Typisch Wie eine sehr große Wespe, jedoch haben Hornissen es nicht auf Limonade und Kuchen abgesehen: Sie erbeuten Insekten oder naschen Fallobst!

Wie gefährlich seid ihr? Weil Hornissen so groß sind, haben viele Menschen Angst vor ihnen. Tatsächlich ist ihr Stich aber nicht schlimmer oder gefährlicher als ein normaler Wespenstich! Hornissen bauen ihr Nest, indem sie Holz abraspeln und zerkauen. Aus diesem Brei kleistern sie ein Nest aus Papier an einem geschützten Platz wie in hohlen Bäumen, aber auch auf Dachböden oder in Vogel-Nistkästen.

So sieht es in einem Hornissennest aus.

Aufgepasst am Fallobst!

Hornissen knabbern gern an der Unterseite von Fallobst herum. Bevor du solches Obst aufsammelst, schau immer genau, ob nicht eine Hornisse dort sitzt. So friedlich die Tiere auch sind: Geraten sie in Bedrängnis, so können auch sie zustechen.

5–7,5 cm

Schwalbenschwanz

Typisch Falter gelbschwarz mit schwalbenähnlichen Schwanzspießen (Name!). Raupe hellgrün und schwarz mit orangefarbenen Punkten.

Sonne & Möhren Der Schwalbenschwanz ist ein Schlechtwetter-Muffel. Er fliegt nur an richtig schönen, sonnigen Sommertagen. Wenn du bei dir im Garten Karotten angebaut hast, kommt er dich vielleicht sogar besuchen. Er und seine Raupen lieben das Kraut und die Blüten von Möhren über alles – es muss nicht immer Wilde Möhre sein!

Bitte nicht mähen!

Schwalbenschwanz-Raupen sind wählerisch: Sie ernähren sich in der Natur nur von ganz bestimmten Wiesenkräutern wie der Wilden Möhre, Dill und dem Echten Fenchel. Wo Wiesen zu früh und oft gemäht werden, sterben Raupen und Eier ab.

Selten geworden: die schöne Schwalbenschwanz-Raupe.

5 cm

Zitronenfalter

Typisch Männchen zitronengelb, das Weibchen ist blasser. Fliegen schon früh im März.

Mit Frostschutzmittel Unter all unseren Schmetterlingen überwintert nur der Zitronenfalter draußen in freier Natur. Bei Schnee und Eis kauert er reglos im Gebüsch und lässt sich sogar komplett zuschneien. Doch keine Sorge: Im Frühjahr kommt er wieder putzmunter hervor, denn in seiner Körperflüssigkeit speichert er sehr viele Eiweiße und Salze – die wirken wie ein Frostschutzmittel und verhindern, dass er erfriert.

Übersteht Eis und Schnee.

Zu früher Frühlingsbote

In manchen Jahren lockt bereits die Februarsonne den Zitronenfalter hervor. Doch leider bringt er uns oft noch nicht den ersehnten Frühling. Kaum wird es wieder kälter, fällt der Zitronenfalter in seine Kältestarre zurück.

5–6 cm

Tagpfauenauge

Typisch Mit großem, buntem „Augenfleck" auf jedem Flügel. Raupe schwarz mit Dornen.

Nicht ohne meine Brennnessel! Willst du Schmetterlinge in den Garten locken, so brauchst du unbedingt eine „wilde Ecke", in der du Brennnesseln wachsen lässt. Denn die Raupen unserer schönsten Schmetterlinge futtern nichts lieber als ausgerechnet Brennnesselblätter! Hat die Raupe sich in einen Schmetterling verwandelt, so möchte dieser nur noch süßen Blütennektar saugen. Aber zum Ablegen seiner Eier benötigt auch er wieder Brennnesseln.

Busch für bunte Falter

Nicht jede Blume wird gleich gern von Schmetterlingen besucht. Entscheidend ist immer, wie viel süßen Nektar die Blüte enthält. Den Rekord hält immer noch der Schmetterlingsflieder – er lockt zahlreiche Schmetterlinge von weither an.

Seine Raupen kannst du oft auf Brennnesseln finden.

Kleiner Fuchs

Typisch Häufiger Falter, orange mit dunklen Flecken und blauer Perlenkette am Flügelrand. Raupe bis 3 cm, schwarz mit Stacheln und typischen gelben Längsstreifen.

Der mag's brenzlig Der Kleine Fuchs ist einer unserer häufigsten Schmetterlinge, denn er kommt fast überall zurecht: Seine Raupe lebt fast ausschließlich von Brennnesseln – die Brennhaare daran stören sie nicht. Auch der Falter ist nicht wählerisch: Man hat ihn schon an mehr als 200 verschiedenen Blumenarten Nektar saugen sehen, darunter auch viele Gartenpflanzen.

Eier, Raupe und Puppe an Brennnesseln.

Auf Dachböden und im Keller

Nur wenige Schmetterlinge verbringen den Winter als Falter. Die meisten verschlafen ihn als Ei, Raupe oder Puppe. Doch der Kleine Fuchs versteckt sich im Winter auf Dachböden, in Kellern oder Schuppen. Kaum wird es warm, fliegt er wieder los.

5–6,5 cm

Admiral

Typisch Großer, schwarzer Falter mit roten Streifen und weißen Flecken. Raupe variabel, meist schwärzlich, aber immer mit typischen Stacheln.

Ein echter Zug-„Vogel“ Unsere Admirale ziehen alle im Frühjahr aus dem Mittelmeergebiet zu uns. Sie legen ihre Eier an Brennnesseln ab und aus den Raupen werden noch im selben Sommer Falter, die dann im Herbst wieder in Richtung Mittelmeer ziehen. Unsere Winter sind den Admiralen wie vielen Zugvögeln einfach zu ungemütlich und zu arm an Nahrung.

Angelockt

Es ist nicht schwierig, den Admiral in den eigenen Garten oder in den Schulgarten zu locken: Pflanze einfach einen Schmetterlingsflieder. Nicht vergessen: Eine Ecke mit Brennnesseln für die Raupen anlegen!

Seine Raupen mögen ausschließlich Brennnesseln.

2,5 – 3 cm

Bläuling

Typisch Männchen blau, Weibchen braun-bläulich mit orangefarbenen Flecken. Raupe bis 1,5 cm, grün mit hellen Längsstreifen.

Der fliegt auf Klee Viele Bläulinge lieben alle Arten von Klee. Deshalb legen die Weibchen ihre Eier auf Kleeblätter oder verstecken sie in einer Kleeblüte. So finden die gut getarnten und schwierig zu entdeckenden Räupchen hier gleich nach dem Schlupf ihre Lieblingsnahrung. Nach der Verwandlung zum Falter saugt auch dieser am liebsten Nektar aus Kleeblüten.

Weibchen und Raupe an Hornklee.

Schlafplatz der Bläulinge

In den frühen Abendstunden kannst du beobachten, wie sich alle Bläulinge der Wiese einen gemeinsamen Schlafplatz an einem Grasbüschel suchen. Hier falten sie ihre Flügel zusammen und ruhen gemeinsam bis zum nächsten Morgen.

4–6 cm

Eichenspanner

Typisch Falter sehr unscheinbar, Raupe bis 5 cm groß, getarnt als kleiner, knorriger Zweig. Lebt hauptsächlich in Eichen- und Buchenwäldern.

Spannerraupe Der Eichenspanner wurde nach der Fortbewegungsweise seiner Raupe benannt, die nur vorn und hinten am Körper Beine besitzt: Zuerst klammert sie sich mit ihren Brustbeinen fest, dann zieht sie den Hinterleib bis zur Brust heran um sich schließlich wieder ganz auszustrecken. So „überspannt" sie mit ihrem Körper immer einen Teil der Wegstrecke. Ist sie nicht in Bewegung, so ist die hervorragend getarnte Raupe kaum zu finden.

Baumkronen und Disteln

Tagsüber ruht der Falter oft auf Rinde, abends fliegt er auf Wiesen mit Disteln und saugt hier süßen Blütennektar. Die Raupe lebt hoch oben in Baumkronen von Eichen und Buchen, aber auch in Apfelbäumen und knabbert Blätter.

Wie viele Raupen siehst du?

4,5 – 6,5 cm

Brauner Bär

Typisch Falter gemustert mit knallig orangefarbenen Feldern auf den Hinterflügeln. Raupe bis 6 cm lang mit einem Pelz wie der Braunbär (Name!).

Schmetterling der Nacht Obwohl dieser Schmetterling nicht selten ist und seine knallig gefärbten Hinterflügel im Flug sofort auffallen, hast du ihn vielleicht noch nie beobachtet. Denn der Braune Bär fliegt nur bei Nacht von Blüte zu Blüte. Dann ist die Gefahr geringer, von Vögeln entdeckt und erbeutet zu werden. Bei Tag ruht er gut getarnt mit zusammengeklappten Flügeln auf Baumrinde.

Braune Bären und ein dunkel gestreifter Russischer Bär.

Auf Bärensuche

Ende Juli und Anfang August kannst du häufig die Raupe des Braunen Bärs beobachten, wie sie flink auf dem Boden umherkrabbelt: Sie ist jetzt ausgewachsen und auf der Suche nach einem Verpuppungsplatz zwischen Falllaub auf dem Boden.

3 – 3,5 cm

Gelbrandkäfer

Typisch Großer Schwimmkäfer mit gelb gerandetem Halsschild.

Rudern & Fliegen Gelbrandkäfer tragen lange Schwimmborsten an ihren Beinen. Wenn sie die unter Wasser abspreizen, werden aus ihren Beinen im Nu perfekte Ruder, mit denen sie durchs Wasser flitzen. Neue Teiche können die Käfer schnell besiedeln, denn sie fliegen auch ganz hervorragend. Sowohl der Käfer als auch seine große, kräftige Larve leben räuberisch von Wasserinsekten, Kaulquappen und kleinen Fischen.

Gefahr im Gartenteich?

Manche Teichbesitzer mögen die Käfer nicht, weil sie Angst um ihre Jungfische haben – oder weil ihr Kind mal von einem Käfer gezwickt wurde. Doch die schönen Käfer gehören einfach zu einem gut funktionierenden Teich dazu und sind nicht gefährlich.

Seine Larve wird sogar 6 – 7 cm lang.

Lederlaufkäfer

Typisch Großer, schwarzer Käfer, der nicht fliegen kann.

Räuber der Nacht Tagsüber findest du den Lederlaufkäfer in Verstecken unter Steinen, Holz oder dicken Moospolstern. Erst in der Dämmerung krabbelt er hervor und geht auf Raubzüge am Waldboden. Hier findet er Insektenlarven, Schnecken und Würmer. Er frisst aber auch Aas oder Früchte. Manchmal verirrt sich ein Lederlaufkäfer in Kellerräume. Er ist aber kein Schädling. Bitte setze ihn in einen Becher und bringe ihn hinaus ins Freie.

Grüngolden glänzt der Goldlaufkäfer.

Schillernder Tagräuber

Ein naher Verwandter ist der etwas kleinere Goldlaufkäfer. Er ist auch bei Tage aktiv und du kannst ihn häufig im Garten oder am Wegrand beobachten. Auf Kartoffeläckern ist er gern gesehen, denn er frisst hier den schädlichen Kartoffelkäfer.

Glühwürmchen

Typisch Männchen leuchten in Sommernächten, Weibchen haben keine Flügel.

Mit eingebauter Taschenlampe Im Juni kannst du an Waldrändern, in Büschen und hohem Gras ein geheimnisvolles Blinken entdecken. Das sind umherfliegende Käfermännchen auf der Suche nach einem Weibchen. Diese sitzen an Grashalmen und krümmen ihren Hinterleib mit dem Leuchtfeld nach oben: „Hier bin ich!" Fliegen kann das Weibchen nicht, denn es hat nur kurze Flügelstummel. So kam es zu dem Namen „Würmchen". Treffender ist der Name „Leuchtkäfer".

Warum leuchten sie?

Das Leuchten brauchen die Käfer, um einen Partner zu finden – rufen können sie ja nicht. Bei Tage speichern sie Licht in einem weißen Bauchfeld. Erst in der Dämmerung geben sie diese gespeicherte Energie nach und nach wieder ab.

Glühwürmchen-Hochzeitsflug.

Hirschkäfer

Typisch Größter europäischer Käfer, Männchen mit typischem „Hirschgeweih".

Bitte nicht aufräumen! Hirschkäfer lebten früher nahezu in jedem Wald. Heute finden wir sie nur noch in Eichen-Urwäldern. Unsere Wälder sind einfach zu aufgeräumt: Hier gibt es kaum noch altes, morsches Holz, in dem die Hirschkäfer-Larve sich entwickeln kann. 3 bis 5 Jahre lang futtert sie sich durchs Holz und wird bis zu 11 cm lang. Der Käfer lebt nicht länger als 4 Wochen. Zeit genug, sich zu paaren und seine Eier in mürbe Stämme zu legen.

Hirschkäfer-Männchen kämpfen mit ihren Geweihen.

Wozu trägst du ein Geweih?

Mit dem Geweih kämpfen die Männchen um die Weibchen. Wirklich kneifen können sie damit nicht, aber gut rangeln und schubsen. Bei der Aufnahme von Nahrung stört das Geweih eher. Deshalb füttern die Hirschkäfer-Weibchen oft die Männchen.

0,5 cm

Siebenpunkt-Marienkäfer

Typisch Orangerote Halbkugel mit 7 schwarzen Punkten, überall häufig.

Glücksbringer Im Frühling legen Marienkäfer gelbe Eiklümpchen an Pflanzenstängel. Daraus schlüpfen nach einer Woche die stacheligen Larven. Sie futtern viele schädliche Läuse von den Pflanzen. Deshalb gelten Marienkäfer bei Gärtnern auch als Glückskäfer! Im Sommer verwandelt sich die Larve in eine Puppe. Daraus schlüpft der fertige Käfer. Er überwintert gern in Häusern oder Schuppen.

Wie alt bist du?

Die Anzahl schwarzer Punkte hat nichts mit dem Alter eines Marienkäfers zu tun! Der Siebenpunkt hat immer genau 7 Punkte. Es gibt übrigens auch einen Zweipunkt- und einen Vierzehnpunkt-Marienkäfer. Meist werden sie alle nicht älter als 1 Jahr.

Eine einzige Larve verspeist Hunderte Blattläuse.

0,5 cm

Asiatischer Marienkäfer

Typisch Etwas kräftiger als unser heimischer Siebenpunkt. Sehr variabel gezeichnet, aber immer mit einem schwarzen „W“ auf dem Kopf.

Böser Neubürger? Ende des 20. Jahrhunderts brachten wir selbst diese Marienkäfer-Art aus Japan und China nach Europa. Hier wurde er in Gewächshäusern ausgesetzt, um die Gemüsepflanzen von Läusen freizuhalten. Denn der Asiatische Marienkäfer futtert davon Unmengen! Schnell breitete sich der Käfer aber auch in freier Natur aus. Ob er hier Schaden anrichtet, ist noch nicht zu sagen.

Typisch ist das schwarze „W“ auf dem Kopf.

Marienkäfer-Massen

Jedes Jahr im Herbst sammeln sich Marienkäfer, um gemeinsam in einem frostfreien Versteck zu überwintern. Gern suchen sie auch geschützte Nischen an Häusern auf. Die Tierchen richten hier keinen Schaden an, sie wollen nur ungestört den Winter verschlafen.

1–2 cm

Mistkäfer

Typisch Schwarzblau glänzender, rundlicher Käfer, der Mistkugeln rollt.

Kinderzimmer mit Naschkram Waldmistkäfer sind berühmt für ihre Brutfürsorge: Oft kannst du beobachten, wie sie Gänge in den Waldboden graben. Anschließend marschieren sie zum nächsten Kothaufen und formen daraus Kotbälle. Diese rollen sie in ihre Gänge und legen Eier hinein. Aus den Eiern schlüpfen die wurmähnlichen Larven („Engerlinge“). Sie futtern dabei nach und nach die Vorräte an Mist auf, die ihre Eltern für sie angelegt haben.

Ein Jahr unter der Erde

Die Larve bleibt fast ein Jahr lang unter der Erde und tut hier nichts anderes, als Mist futtern. Herauszukommen wäre für sie auch viel zu gefährlich, denn sie kann sich nur langsam und ungeschickt bewegen und wäre so eine leichte Beute für Vögel.

Eine Kugel aus Mist für den Nachwuchs.

Maikäfer

Typisch Rotbraun mit schwarzem Kopf und Halsschild.

Pünktlich im Mai Im Frühjahr schlüpfen die Maikäfer aus der Erde. Sie fliegen auf Laubbäume, um hier frische, grüne Blätter zu futtern. 3 oder sogar 4 Jahre lang haben sie als Larve („Engerling“) unterirdisch gelebt und sich dabei nur von Pflanzenwurzeln ernährt. Das Leben als Käfer ist vergleichsweise kurz, es dauert nur 4 Wochen lang. In dieser Zeit findet die Paarung statt und das Weibchen legt seine Eier in weichen Erdboden.

Die meiste Zeit verbringen Maikäfer unter der Erde.

Maikäfer statt Lollis

In manchen Jahren kommt es zu Massenvermehrungen des Maikäfers. Dann spricht man von „Maikäferjahren“. In solchen Jahren bekamen früher nicht nur die Hühner Maikäfer als Futter: Für Kinder wurden die Käfer geröstet und mit Zucker überzogen. Echt wahr!

1 cm

Feuerwanze

Typisch Rot mit schwarzen Punkten und Strichen. Sondern bei Gefahr eine stinkende Flüssigkeit ab.

Frühlingsboten An den ersten warmen, sonnigen Tagen im März findest du unter Linden plötzlich ganze Scharen von Feuerwanzen. Sie haben im Erdboden überwintert und kommen nun alle gleichzeitig heraus, um sich zu paaren. Am Boden unter Linden finden sie noch viele kleine, runde Lindenfrüchte vom vergangenen Herbst – das ist ihre erste Frühlingsnahrung.

Sind Feuerwanzen gefährlich?

Feuerwanzen sehen gefährlich aus – sind es aber nicht. Und sie richten auch keinen Schaden im Garten an. Mit ihrer Warnfärbung zeigen sie hungrigen Vögeln: „Achtung – ich schmecke scheußlich!“ Und das stimmt tatsächlich.

Harmlos: Feuerwanzen bei der Paarung im Frühjahr.

Streifenwanze

Typisch Flach, breit und schwarzrot gestreift.

Kein Käfer! Oft werden Wanzen mit Käfern verwechselt. Doch sie sind viel flacher und außerdem tragen sie verborgen unter dem Bauch Stechwerkzeuge! Damit stechen sie je nach Art Pflanzen oder Kleintiere an und saugen sie aus. Manche Raubwanzen können damit aber auch den Menschen ganz schön schmerzhaft stechen, das fühlt sich an wie ein Bienenstich. Die Streifenwanze tut das nicht, sie sitzt meist auf Blütenschirmen und saugt Pflanzensäfte.

Nascht gern Beeren: die Grüne Stinkwanze.

Widerliche Beeren

Hast du schon einmal eine Brombeere vom Strauch gepflückt, die absolut widerlich und bitter geschmeckt hat? Dann war vor dir bestimmt eine Grüne Stinkwanze da. Wo sie eine Frucht angestochen und gesaugt hat, hinterlässt sie einen ekligen Geschmack.

0,5 cm

Schaumzikade

Typisch Hält die Flügel dachförmig, baut merkwürdige Schaumnester im Frühling.

Kuckucksspucke Im Frühling findest du auf Wiesen häufig solche schaumigen Gebilde, als hätte jemand auf das Gras gespuckt. Früher glaubte man, das sei der Kuckuck gewesen, der ja um diese Zeit aus Afrika zu uns heimkehrt. In Wahrheit lebt in dem Schaum die Larve der Schaumzikade. Sie stellt den Schaum selbst her, indem sie Wasser und Eiweiße auspresst. Ihr Schaumnest schützt sie vor Feinden und sorgt für das richtige Wohnklima.

So sieht eine erwachsene Schaumzikade aus.

Wie weit springt sie?

Schaumzikaden zu fangen ist sehr schwierig. Denn mit einem einzigen Satz können sie mehr als das Hundertfache ihrer Körperlänge weit springen. Wollte ein Mensch das schaffen, so müsste er rund 200 Meter mit einem Satz schaffen.

Gemeine Köcherfliege

Typisch Die unter Wasser lebende Larve sieht aus wie ein wanderndes Blätterhäufchen.

Kein Schmetterling Erwachsene Köcherfliegen werden oft mit Schmetterlingen verwechselt. Viele halten sie für „Motten", weil sie so unscheinbar bräunlich sind. Im Unterschied zu Schmetterlingen legen Köcherfliegen ihre Flügel in Ruhe dachartig über dem Körper zusammen und ihre Larven leben im Wasser. Erwachsene Köcherfliegen leben meist nur eine Woche lang und essen überhaupt nichts. Ihre Aufgabe besteht nur darin, sich zu paaren und Eier abzulegen.

Fadenförmige Fühler und Flügel wie aus Pergament.

Bedroht!

Fast die Hälfte aller bei uns ursprünglich lebenden Köcherfliegen steht heute auf der „Roten Liste" der bedrohten Tierarten. Besonders gefährdet sind empfindliche Arten, deren Larven nur in Mooren, Quellen oder klaren Bächen leben können.

1–3 cm

Florfliege

Typisch Hellgrün und zart, fliegt nur unbeholfen. Flügel in Ruhehaltung dachförmig übereinander gelegt.

Blattlausjäger Am auffälligsten sind Florfliegen im Herbst. Dann verkriechen sie sich in kleinsten Ritzen an Fenstern und auf Dachböden, um hier zu überwintern. Im Sommer fliegen sie von Blüte zu Blüte, um hier Pollen und Nektar zu naschen. Die Larven der Florfliege jedoch leben räuberisch und sind deshalb bei Gärtnern und Landwirten beliebt: Genau wie die Larven des Marienkäfers verspeisen sie Unmengen schädlicher Blattläuse!

Wohin mit gefundenen Florfliegen?

Haben sich Florfliegen im Herbst in euer Haus verirrt? Hier können sie nicht überwintern, denn es ist viel zu warm für die Tiere – sie finden ja keine Nahrung im Haus! Setze sie besser in einen Überwinterungskasten an der Hauswand.

Florfliegenlarven heißen auch „Blattlauslöwen“.

2–3 cm

Skorpionsfliege

Typisch Fliege mit Vogelschnabel (heißt auch „Schnabelfliege“), die Männchen mit Skorpionsstachel. Flügel dunkel gefleckt.

Wie gefährlich bist Du? Die Skorpionsfliege ist ein Räuber. Sie lebt davon, geschwächte Insekten anzustechen und auszusaugen und ist dafür bekannt, dass sie gern Beute aus Spinnennetzen stiehlt. Für uns Menschen ist sie aber nicht gefährlich. Versuche trotzdem nicht, eine zu fangen, denn dann geben die Fliegen einen stinkenden Saft ab und das Männchen versucht, Angreifer mit seiner Zange zu zwicken.

Das Weibchen hat keinen Skorpionsstachel.

Wozu ist dein Stachelschwanz?

Nur das Männchen hat so einen Stachelschwanz. Aber stechen kann es damit nicht! Der Schwanz ist nur eine Zange, mit der es das Weibchen bei der Paarung umklammert hält. Vor der Paarung entströmen daraus verführerische Lockstoffe.

3–4 cm

Heupferd

Typisch Große, grasgrüne Heuschrecke mit langen Flügeln. Singt von Mittags bis Mitternacht.

Gefährlicher Säbel? Die weiblichen Heupferde tragen am Hinterleib einen langen, gefährlich aussehenden Säbel. Das ist aber keine Waffe und sie können damit auch nicht stechen! In Wirklichkeit ist es ein Legebohrer, der nur dazu da ist, im Sommer ihre Eier in weichen Erdboden zu legen. Im übernächsten Mai schlüpfen daraus die winzigen Larven. Sie sehen schon aus wie richtige Heupferde – nur kleiner und ohne Flügel und ohne Legebohrer.

Darf man Heupferde anfassen?

Garantiert! Sollte sich mal eines in dein Zimmer verfliegen, was im Sommer nicht selten vorkommt, so lasse es einfach behutsam auf deine Hand krabbeln (bitte nicht quetschen) und trage es wieder hinaus auf die Wiese.

Heupferde können sehr gut fliegen.

Feld-Grashüpfer

Typisch Häufige, recht kleine Heuschrecke mit spitzem Kopf und mittellangen Fühlern.

Wiesenhopser Kaum betrittst du eine Wiese, da hüpft und springt es auch schon zu allen Seiten davon: Grashüpfer sind auf jeder Wiese zu finden! Meist ist es der bräunlich grüne Feld-Grashüpfer, doch es gibt noch viele weitere verschiedene und auch recht bunte Arten, die aber nur in speziellen Lebensräumen wie auf Kiesbänken in Flüssen, in Sümpfen oder auf naturnahen Bergwiesen leben.

Frisch aus der Haut geschlüpft.

Nix als Gras

Feld-Grashüpfer mögen, das haben Versuche ergeben, wirklich nichts anderes als Gräser und deren Samen fressen. Deshalb kannst du sie auch gut eine zeitlang im Terrarium halten und beobachten. Nicht vergessen, sie täglich zu füttern und bald wieder freizusetzen!

4–5 cm

Gebänderte Prachtlibelle

Typisch Flügel der Männchen mit breitem, dunklem Streifen. Sitzen oft auf trockenen Halmen oder Ästen, die übers Wasser ragen.

Schillernd und zänkisch Prachtlibellen am Flussufer zu beobachten ist eine wundervolle Sommer-Beschäftigung, denn hier ist immer etwas los! Entschlossen verteidigen die Männchen ihre Reviere gegen Artgenossen. Kommt endlich ein Weibchen herbei, dann wird es sogleich mit schwirrenden und flatternden Tanzflügen umworben und zu den besten Eiablageplätzen geleitet.

Immer am Fluss

Prachtlibellen kommen nur an langsam fließenden Bächen und Flüssen mit sonnigen Uferabschnitten vor und sind empfindlich gegenüber Gewässerverschmutzung. Nur wo der Untergrund sandig und das Wasser klar ist, können ihre Larven leben.

Anspruchsvoll: die Prachtlibellen-Larve.

Azurjungfer

Typisch Schlanke Libelle, Männchen azurblau mit Schwarz. Weibchen grünlich braun.

Blaue Stäbchen Azurjungfern entdeckst du oft als erstes, wenn du an einen Badesee kommst: Da fliegen ganz viele, leuchtend blaue Stäbchen dicht über der freien Wasserfläche. Das sind die Männchen der Azurjungfern. Die grünbraunen Weibchen triffst du eher über Gräsern am Uferrand: Hier jagen sie Mücken und andere kleine Insekten. Azurjungfern mögen klares Wasser und viele Unterwasserpflanzen, in denen sich ihre Larven verstecken können.

Hufeisen- (o. l.), Fledermaus- (o. r.) und Becher-Azurjungfer.

Hufeisen, Fledermaus, Becher

Schau mal, welche schwarze Zeichnung du auf dem ersten größeren Hinterleibsring erkennst – ist es ein Becher, ein Hufeisen oder eine Fledermaus? Nach der Form dieser Zeichnung werden die verschiedenen Arten benannt.

bis 8 cm

Blaugrüne Mosaikjungfer

Typisch Häufige Libelle mit blau-grün-schwarzer Mosaikzeichnung (Weibchen nur grün und schwarz).

2 Jahre auf Tauchgang Die Blaugrüne Mosaikjungfer stellt keine großen Ansprüche an ihren Lebensraum: Ihre Larven können sogar in kleinen Gartenteichen überleben. Hier erbeuten die 4–5 cm großen Larven alles, was ihnen den Weg kreuzt: Selbst kleine Fische und Kaulquappen sind vor ihnen nicht sicher. Nach 2 Jahren krabbeln sie an einem Stängel aus dem Wasser und häuten sich zur Libelle.

Ups – angerempelt!

Das kommt gar nicht so selten vor: Du spazierst auf einem Waldweg daher und plötzlich stößt du mit einer Libelle zusammen. Die Blaugrüne Mosaikjungfer fliegt auch fernab von Gewässern und rempelt ab und zu andere an – keine Angst, sie tut dabei nichts!

Die Larve lebt auch in Gartenteichen.

Heidelibelle

Typisch An Teichen und Tümpeln mit viel Randbewuchs. Männchen rot, Weibchen gelbbraun.

Das Jahr der Libelle Im Juni siehst du die ersten Heidelibellen fliegen. Sie paaren sich und legen ihre Eier ins Wasser. Die Eier überwintern im Bodenschlamm und im nächsten Frühjahr schlüpfen daraus unter Wasser die kleinen Larven. Bis zum Sommer leben sie am Gewässergrund. Dann sind sie ausgewachsen, krabbeln aus dem Wasser und häuten sich zur fertigen Libelle. Sie suchen sich einen Partner und legen wieder ihre Eier ins Gewässer.

Im Tandem zur Eiablage.

Warum fliegt ihr im Tandem?

Nach der Paarung hält das Männchen sein Weibchen noch etwa 10 Minuten lang am Kopf fest – so aneinandergekoppelt als Tandem fliegen sie über das Wasser, während das Weibchen seine Eier ablegt. Das Männchen stellt so sicher, dass alles gut geht.

1–2 cm

Ohrenkneifer

Typisch Wurmartige Gestalt mit Kneifzangen am Ende.

Nützlich im Garten Ohrenkneifer verstecken sich tagsüber unter Steinen, Blumentöpfen oder Holz. Erst in der Nacht krabbeln sie hervor und machen Jagd auf Raupen und Blattläuse. Daher sind sie bei Gärtnern gern gesehen, auch wenn sie schon einmal zarte Knospen oder Obst anknabbern. Aus einem Tontopf und etwas Holzwolle oder Heu kannst du dem Ohrenkneifer und anderen Nützlingen einen Unterschlupf bauen.

Kneift er in die Ohren?

Nein, der Name kommt daher, dass man aus den Tieren früher Medizin gegen Ohrenkrankheiten herstellte. Tatsächlich interessieren sich Ohrenkneifer überhaupt nicht für unsere Ohren und sind auch sonst für den Menschen völlig ungefährlich.

So ein Versteck ist schnell gebaut.

Wespenspinne

Typisch Gelb-schwarz geringelt in großem Spinnennetz.

Getarnt als Wespe Manche Tiere tragen extra grelle Farben, um andere zu warnen: „Lass mich lieber in Ruhe – ich bin gefährlich!“ Die schwarz-gelbe Zeichnung von Wespen ist so eine Warntracht. Wer will schon eine Wespe fangen und womöglich gestochen werden? Manche Tiere tun aber auch nur so, als seien sie gefährlich, indem sie die Warnfarben von anderen nachahmen. Zum Beispiel die Wespenspinne: Sie sieht gefährlich aus – ist aber absolut harmlos!

In diesem Ballon überwintern die Spinnenkinder.

Lebensgefährliche Hochzeit

Hast du eine Wespenspinne entdeckt? Dann ist es garantiert ein Weibchen! Das Männchen ist nämlich unscheinbar und winzig klein. Gleich nach der Hochzeit wird es in den meisten Fällen sofort vom Weibchen verspeist. So können ihre Eier schnell reifen.

0,5 – 2 cm

Gartenkreuzspinne

Typisch Immer mit weißem Kreuz auf dem Rücken.

Reißfest und klebrig Die Gartenkreuzspinne sitzt meist in der Mitte ihres großen Radnetzes. Hier wartet sie, bis unvorsichtige Grashüpfer, Fliegen oder kleine Schmetterlinge sich in ihrem Netz verheddern. Sie können sich nicht daraus befreien, da die Fäden sehr klebrig sind. Schon eilt die Spinne herbei und tötet sie mit einem Giftbiss. Dann umspinnt sie ihre Beute mit feinen Fäden. So hat sie immer einen guten Nahrungsvorrat.

Für Menschen absolut ungefährlich.

Reißfest wie Stahl

Spinnfäden faszinieren Forscher: Denn sie sind federleicht – und reißfest wie Stahl. So könnte ein Spinnfaden von der Dicke deines Daumens locker mehrere Kleinwagen tragen. Bislang ist es uns Menschen nicht gelungen, so ein Material zu entwickeln.

Weberknecht

Typisch Sehr, sehr lange und sehr dünne Beine, Körper rundlich und kompakt.

Der spinnt nicht Obwohl der Weberknecht 8 Beine hat, ist er keine richtige Spinne. Das erkennst du daran, dass sein Körper nur aus einem einzigen Teil besteht und nicht wie bei den echten Spinnen aus zwei Teilen. Außerdem hat er keine Spinndrüsen und auch keine Giftdrüsen. So kann er sich kein Netz weben, um darin Beute zu fangen. Weberknechte leben hauptsächlich von gefundenen toten Tierchen oder lauern kleineren Insekten auf.

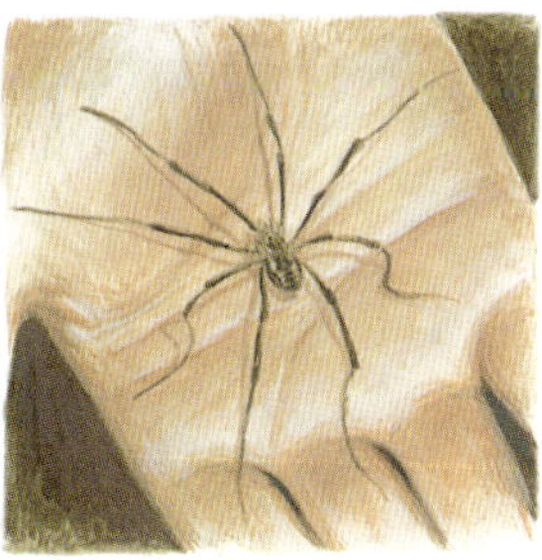

Weberknechte sind absolut harmlos!

Abgeworfen

Du hast einen Weberknecht mit nur 6 oder 7 Beinen gefunden? Das ist keine Seltenheit. Denn die Tiere werfen bei Gefahr, zum Beispiel wenn ein Vogel sie am Bein packt, dieses Bein einfach ab. Danach können sie ganz normal weiterleben.

0,2 – 1 cm

Zecke

Typisch Normalerweise ganz flach und nicht größer als 2 bis 4 mm. Doch nach der Blutmahlzeit ist sie rundlich und prall und misst locker 1 cm.

Fiese Blutsauger Zecken können gut riechen und warten in höherem Gras und auf Sträuchern auf vorbeikommende Beute. Das sind Menschen und auch Tiere wie Rehe, Hunde oder sogar Eidechsen. Hat die Zecke ihre Beute erschnuppert, lässt sie ihren Halm los und klammert sich an ihrem Opfer fest. Nun krabbelt sie umher und sucht einen guten Platz zum Blutsaugen.

Achtung – Zeckenbiss!

Zecken übertragen gefährliche Krankheiten. Schütze Dich mit Käppi, Gummistiefeln und einem Zeckenmittel davor, gebissen zu werden. Suche Deinen Köper nach jeder Exkursion sorgfältig nach Zecken ab. Festsitzende Zecken schnellstmöglich entfernen.

Zecken beißen sich 1 bis 2 Wochen lang fest.

1 – 1,5 cm

Mauerassel

Typisch Der ganze Körper ist von Panzerplatten bedeckt.

Luft holen mit den Beinen Willst du Asseln finden, so musst du unter Steinen, Totholz oder im Falllaub suchen. Sie leben nur da, wo es feucht und modrig ist. Denn nur hier bekommen sie genügend Sauerstoff! Asseln sind mit den Krabben der Meeresküste verwandt und atmen genau wie diese über Kiemen an ihren Beinen. Ist es zu trocken, verkleben die Kiemen und sie bekommen keinen Sauerstoff mehr. Asseln sind die einzigen Krebse, die dauerhaft an Land leben!

Oft in Kellern: die verwandte Kellerassel.

Müllabfuhr

Asseln räumen im Wald unermüdlich den Abfall weg. Sie futtern alles, was tot ist und herumliegt: Moderndes Holz, Falllaub, tote Kleintiere, Pilze und sogar Kot. Damit sind die Tierchen in der Natur von großem ökologischen Wert.

3 cm

Steinkriecher

Typisch Rotbraun mit vielen Laufbeinen und langen Fühlern.

Achtung Giftbiss! Der Steinkriecher versteckt sich tagsüber unter Steinen, erst nachts krabbelt er auf Raubzug: Sehen kann er dabei mit seinen Mini-Augen nur schlecht, aber mit den langen Fühlern tastet er sich geschickt voran. Hat er eine Spinne, Assel oder ein Insekt ertastet, so tötet er es mit einem Giftbiss und zerlegt die Beute mit den kräftigen Kieferzangen. Sein Giftbiss ist auch für Menschen schmerzhaft!

Kleiner Bruder

Der gelborange Erdläufer sieht ähnlich aus wie der Steinkriecher, ist aber ist viel dünner. Seine Beute findet er im Erdboden. Oft dringt in Regenwurmgänge ein und überfällt Regenwürmer, indem er sie fest umschlingt und schließlich verspeist.

Häufig im Kompost: Der ähnliche Erdläufer.

Schnurfüßer

Typisch Eine krabbelnde Schnur mit sehr vielen Beinen, meist unter Steinen.

Gut gepanzert Der Körper der Schnurfüßer ist hart und fest und besteht aus etwa 50 Ringen. An jedem Ring sitzen an der Unterseite 4 Beine. Je nach Länge des Tieres haben Schnurfüßer zwischen 100 und 300 Beinen. Daher ist es ein wenig übertrieben, die Tiere als „Tausendfüßer" zu bezeichnen. Meist findest du Schnurfüßer unter Steinen oder unter Baumrinde. Ihre Nahrung besteht aus abgestorbenen Pflanzenteilen und toten Tieren.

Rollt sich bei Gefahr spiralig auf.

Ur-uralt

Schnurfüßer leben schon viel, viel länger auf unserem Erdball als die meisten anderen Tiere und als wir Menschen. Schon vor 400 Millionen Jahren krabbelten sie durch die Urwälder. Die ersten Vormenschen lebten vor rund 10 Millionen Jahren.

bis 4 cm

Posthornschnecke

Typisch Dunkelbraunes, flaches und dickwandiges Haus in Form eines Posthorns, daher der Name.

Mag viel Grünzeug Posthornschnecken sind hauptsächlich in Teichen und Seen zuhause, aber auch in langsam fließenden Flüssen kannst du sie finden. Hauptsache, es gibt viele Wasserpflanzen dort. Am liebsten leben sie da, wo das Wasser höchstens 3 m tief und der Untergrund schön schlammig ist: Denn hier finden sie viele abgestorbene Pflanzen, Laub und Aas. Wenn du am krautigen Ufer kescherst, kannst du bestimmt eine fangen!

Schleimtür

Trocknet ihr Gewässer im Hochsommer aus, so zieht sich die Posthornschnecke tief in ihr Haus zurück und verschließt den Eingang mit einer Tür aus Schleim. So überdauert sie auch den Winter – eingegraben im Schlamm, bis es wärmer wird.

Ähnlich: die kleinere und zartere Tellerschnecke.

Spitzschlammschnecke

Typisch Hat ein großes, spitz zulaufendes Gehäuse.

Kleine Allesfresser Mit ihrer rauen Zunge weiden Spitzschlammschnecken feine Algenbezüge von Steinen und Wasserpflanzen. Sie suchen aber auch am Gewässergrund nach Überresten toter Tiere. Zum Luftholen müssen sie regelmäßig auftauchen, denn sie atmen über Lungen, genau wie wir Menschen. Ihre glibberigen Eier heften sie an die Unterseite von Schwimmblättern – die Babyschnecken kommen daraus schon mit Haus zur Welt.

Eigelege an der Unterseite eines Schwimmblattes.

Abgetaucht

Oft siehst du die Schnecken an der Unterseite der Wasseroberfläche entlanggleiten. Tippst du sie an, so stoßen sie blitzschnell ihre Atemluft aus und lassen sich zu Boden sinken. Keine Sorge: morgen sind sie wieder oben angekommen!

2–3 cm

Schnirkelschnecke

Typisch Gelb, rosa, braun oder dunkelbraun geringelt.

Immer schön tarnen Auf einem Spaziergang kannst du ganz unterschiedlich gefärbte Schnirkelschnecken entdecken. Denn je nachdem, wo sie leben, sehen sie anders aus. Auf Wiesen sind sie meist einfarbig und hell, in Hecken geringelt und im Wald eher einfarbig dunkel. Die verschiedenen Farben und Muster tragen sie, um besser getarnt zu sein: Auf der Wiese fallen helle Schnecken am wenigsten auf, im Wald sind die dunkleren besser getarnt.

Achtung, Vogel!

Schnirkelschnecken müssen sich gut tarnen, um nicht so leicht Beute anderer Tiere zu werden. Besonders bei Vögeln sind sie begehrt, weil diese den Kalk aus dem Schneckenhaus als Baustoff für ihre Eierschalen benötigen.

Schnirkelschnecken tragen viele Farben und Muster.

Weinbergschnecke

Typisch Große, häufige Schnecke mit kräftigem, hellbraunem Haus.

40 000 Zähne Weinbergschnecken haben tatsächlich so viele Zähne. Die sitzen bei ihnen aber nicht im Kiefer, sondern auf ihrer Zunge. Damit raspeln sie Blätter wie mit einer groben Feile ab. Im Sommer graben sie eine Erdhöhle, in die sie ihre Eier legen. Nach 3 bis 4 Wochen schlüpfen daraus winzige Schneckenkinder mit durchsichtigen Häuschen. Sie bleiben noch 2 Wochen in der sicheren Höhle, erst dann buddeln sie sich ans Tageslicht.

Ihre Eier legt sie in eine Erdhöhle.

Tür zu!

Ist der Sommer heiß und trocken, verzieht sich die Weinbergschnecke einfach in ihr Haus und verschließt den Eingang mit einer Tür aus Kalk. Genauso verbringt sie auch den Winter. In ihrem Haus ist sie vor Feinden und Trockenheit geschützt.

10 – 20 cm

Tigerschnegel

Typisch Schnecke ohne Haus mit dunkler Fleckenzeichnung.

Echt nützlich! Tigerschnegel werden häufig mit der Roten Wegschnecke verwechselt und entsprechend von Gärtnern bekämpft, denn Wegschnecken knabbern ja mit Vorliebe Blumen und Gemüse an. Dabei ist der Tigerschnegel viel bescheidener: Er futtert am liebsten welke Pflanzen und den Algenbewuchs von Bäumen. Sehr nützlich: Hat er Appetit auf Fleisch, so fällt er sogar über Wegschnecken her und verspeist sie!

Da findest du ihn

Tigerschnegel sind vorsichtige Tiere und meist nachts unterwegs. Tagsüber findest du sie in dunklen Verstecken unter Baumstümpfen, Steinen, Bretter- oder Ästehaufen. Nur an feuchten Tagen siehst du den schönen Tiger auch tagsüber herumkriechen.

Schnegel mögen es dunkel und feucht.

Rote Wegschnecke

Typisch Schnecke ohne Haus. Rot, orange, braun oder schwarz mit runzeliger Haut.

Klebrig & zäh Hast du schon einmal Nacktschnecken mit der Hand gesammelt? Dann weißt du, wie schwierig es ist, hinterher die Hände zu säubern! Denn die Tiere sind von einem sehr zähen, klebrigen Schleim umhüllt, der zudem noch scheußlich schmeckt. Das ist der Grund, warum die meisten Tiere Nacktschnecken lieber in Ruhe lassen. Fühlt sich die Wegschnecke bedroht, zieht sie sich zu einer festen Kugel zusammen.

Perfekt zum Freeclimbing: Schneckenschleim.

Leicht verwechselt

Die Rote Wegschnecke ist mehr in Wäldern und auf Wiesen zuhause, sie lebt eher selten in Gärten. Findest du eine Nacktschnecke bei dir im Garten, so ist es meist die aus dem Süden stammende, bei uns eingeschleppte Spanische Wegschnecke.

bis 30 cm

Regenwurm

Typisch Rosabraun und geringelt mit einem dicken Ring.

Der futtert Tapeten Regenwürmer sind unermüdlich dabei, Erde zu futtern. Dabei graben sie meterlange Gänge in den Erdboden. Nachts kommen sie an die Oberfläche und ziehen Laub und Gras in ihre Gänge. Das kleistern sie hier an die Wände. Nun müssen sie nur noch warten, bis Pilze und Bakterien ihre Tapeten ein bisschen mürbe gemacht haben. Dann braucht der Regenwurm nicht mal Zähne, um seine nahrhaften Tapeten aufzufressen!

Bester Bio-Boden

Wo viele Regenwürmer aktiv sind, da sind die Böden von unübertroffener Qualität: Pausenlos durchmischen und durchlüften die Würmer die Erde. Was sie gefuttert haben und wieder ausscheiden, das enthält wertvollste Mineralstoffe.

In guter Erde ist viel Leben!

Fischegel

Typisch Grün, schwarz und weiß gestreifter Wurm mit je einem Saugnapf am vorderen und hinteren Körperende.

Vampire im See! Den Fischegel findet man am häufigsten in schlammigen Teichen und Seen. Hier lauert er am Gewässergrund, bis er einen Fisch erschnuppert und schwupp – schon hat er sich daran festgesaugt und die Fischhaut mit messerscharfen Zähnchen aufgeraspelt. Aus der Wunde trinkt er Fischblut. Nach etwa 2 Tagen ist der Egel satt und lässt den Fisch wieder los. Menschen fällt der Fischegel nicht an!

So lauert der Fischegel seiner Beute auf.

Wozu hast du Saugnäpfe?

Mit dem hinteren Saugnapf hält sich der Egel auf Steinen oder Wasserpflanzen fest, bis er einen Fisch wittert. Mit dem vorderen Saugnapf heftet er sich dann am Fisch fest. Egel sind aber auch sehr flinke und wendige Schwimmer.

10–40 cm

Hirtentäschel

Typisch Trägt gleichzeitig Blüten und die charakteristischen, herzförmigen Früchte.

Das übersehene Kräutlein Dünn und unscheinbar wächst das Hirtentäschel an Wegrändern und wird meist einfach übersehen. Dabei sind seine „Täschle“ richtig hübsch anzusehen. Seine Blätter wachsen alle unten am Boden in einer kleinen Blattrosette, ähnlich wie beim Löwenzahn. Das Hirtentäschel blüht praktisch das ganze Jahr hindurch, deshalb findest du auch immer gleichzeitig Blüten und Früchte daran.

Vergessene Täschchen

Seinen Namen bekam es, weil seine Früchte geformt sind wie die flachen Umhängetaschen der Hirten. Heute werden solche Hirtentaschen kaum noch benutzt, doch der Name blieb. In den Früchten reifen an einem einzigen Pflänzchen über 50 000 Samen heran!

Seine Früchte sehen aus wie Hirtentaschen.

Waldmeister

Typisch 6–8 Blätter stehen rings um den kantigen Stängel.

Mmm, Maibowle! Waldmeister ist der Geschmacksgeber in jeder Maibowle. Pflücke 3–4 Stängel Waldmeister vor der Blütezeit und lasse sie kurz anwelken. Hänge das Sträußchen nur wenige Minuten in ein Gemisch aus Apfelsaft und Mineralwasser. Nimm den Waldmeister wieder aus deiner Bowle heraus, sonst wird sie bitter. Außerdem kann zu viel Waldmeister Kopfweh verursachen!

Waldmeister gehört in jede Maibowle.

Meister gegen Motten

Trockne ein Sträußchen Waldmeister und gib die Blätter auf ein rundes Stückchen Stoff, das du anschließend oben fest zusammenbindest. In den Schrank gelegt verströmt das Duftsäckchen einen angenehmen Duft, der auch Motten fernhalten soll.

15 – 30 cm

Große Sternmiere

Typisch Bildet früh im Jahr hübsche Sternchenteppiche.

Gute Nachbarschaft Jeder Stängel der Sternmiere trägt gleich mehrere, lang gestielte Blüten. Für den Frühlingsstrauß ist sie leider nicht geeignet: Der Stängel ist weich und biegt einfach um. Im dichten Blütenteppich stützen sich die Nachbarpflanzen gegenseitig und geben sich Halt. Die Blätter sind grasartig, lang und zugespitzt und stehen sich immer zu zweit gegenüber.

Schmetterlingsblume

Früh blühende Blumen sind ein besonderer Leckerbissen für die ersten Insekten, die im Frühling aus ihrer Winterstarre erwachen. Viele Schmetterlinge laben sich am Blütennektar und nutzen gleich die Blätter zur Eiablage. So haben die frisch geschlüpften Raupen sofort Futter.

Die 5 Blütenblätter sind bis zur Mitte gespalten.

Giersch

Typisch An schattigen Waldrändern oft die häufigste Pflanze, der Stängel ist immer dreieckig.

Schau auf den Stängel Giersch gilt als eines der gefürchtetsten Gartenunkräuter überhaupt. Er vermehrt sich schnell, da er tief im Boden lange Ausläufer bildet. Aus ihnen sprießen an einer anderen Stelle die jungen Pflanzen. Übrigens: Außer an seinem typischen Dreiblatt erkennst du ihn leicht an seinem Stängel. Brich mal einen ab: von unten betrachtet ist er immer dreieckig!

Der Giersch heißt auch Dreiblatt.

Essen statt ärgern

Früher wurde Giersch als wohlschmeckender, Vitamin-C-haltiger Salat sogar in Gärten angebaut. Doch nur die hellgrünen, frisch entfalteten Blätter schmecken lecker. Später wird Giersch recht zäh und bitter. Also: Ernten statt jäten!

5 – 15 cm

Wald-Sauerklee

Typisch Blüht oft in großen Gruppen im Schatten von Bäumen.

Schattenrekord Jede Blume braucht Licht. Aber keine kann mit so wenig Licht auskommen wie der Sauerklee. Er blüht selbst da, wo fast kein Sonnenlicht am Waldboden ankommt! Wird es ihm zu sonnig oder nachts zu dunkel, dann klappt er seine Blätter zusammen und „schläft". Das kann er, weil seine Blättchen mit raffinierten Gelenken am Stil befestigt sind.

Sauer macht nicht lustig!

Der Sauerklee heißt so, weil seine Blätter tatsächlich säuerlich schmecken. Ein bisschen probieren ist erlaubt. Doch ist Sauerklee keineswegs gesund und darf nicht in größeren Mengen gegessen werden. Er enthält sogar ein schwaches Gift, das man Oxalsäure nennt!

So „schläft" der Sauerklee.

Buschwindröschen

Typisch Bildet im Frühjahr im Laubwald große, weiße Blütenteppiche.

Genau geschaut Obwohl mancherorts der ganze Waldboden weiß erscheint, bildet tatsächlich jedes Pflänzchen nur eine einzige Blüte aus. Sie besteht aus 6–8 Blütenblättern, die meist nicht rein weiß, sondern leicht rosa sind. In der Mitte recken sich zahlreiche gelbe Staubblättchen hervor. Unterhalb der Blüte entspringt ein Blattquirl aus 3 gestielten, handförmig geteilten Blättern.

Seltener: das Gelbe Windröschen.

Das welkt rasch

Für einen Frühlingsstrauß ist das Buschwindröschen leider nicht geeignet, obwohl es verlockend ist, die vielen hübschen Blümchen zu pflücken. Meist fallen die empfindlichen Blütenblätter schon auf dem Heimweg ab, spätestens in der Vase verwelken sie.

5–15 cm

Maiglöckchen

Typisch Die intensiv duftenden, weißen Blütenglocken blühen im Mai.

Giftglöckchen Früher war es Tradition, Kinder zum Maibeginn Blumensträuße vom Maiglöckchen pflücken zu lassen. Dabei ist an dieser Pflanze wirklich alles giftig – Früchte, Blätter und sogar die Blüten! Sie alle enthalten ein starkes Herzgift. Sogar im Blumenwasser eines Maiglöckchenstraußes in der Vase ist das Gift noch zu finden. Also lieber stehen lassen!

Pflanzen statt pflücken!

Maiglöckchen sind heute selten und stehen deshalb unter Naturschutz. Wer im Mai nicht auf ihren süßen Duft verzichten möchte, der kann sie in seinen Garten pflanzen: Maiglöckchen lieben lockere, warme Böden und erfreuen uns jedes Jahr aufs Neue.

Sehr giftig: die Früchte des Maiglöckchens.

Bärlauch

Typisch Die Blätter riechen nach Knoblauch.

Bärlauchbrote Bärlauch wurde schon von den Steinzeitmenschen als Vitamin-C-haltiges und schmackhaftes Frühlingskräutlein genutzt. Er darf nur vor der Blütezeit geerntet werden, sonst schmeckt er bitter und hat weniger gesunde Inhaltstoffe. Die Blätter waschen, klein schneiden und auf ein Brot mit Butter oder Quark streuen. Schmeckt sehr lecker!

Wächst wild in Laubwäldern.

Der Wilde ist gefährlich!

Da Bärlauch vor der Blütezeit geerntet werden muss, werden seine Blätter häufig mit denen von Maiglöckchen, Herbstzeitlose oder Aronstab verwechselt, die allesamt sehr giftig sind! Deshalb Bärlauch bitte **nie** wild in freier Natur ernten, wenn du ihn nicht ganz genau kennst! Frage immer zuerst einen Erwachsenen!

50 – 300 cm

Seerose

Typisch Große, leuchtend weiße Blütensterne auf dem Wasser.

Rekord! Die Blüten und Blätter der Seerose hängen an Stielen, die fast 3 m lang werden. Das ist unter unseren heimischen Pflanzen der Rekord! Die Länge der Stiele ist abhängig von der Wassertiefe – denn sie müssen ja aus den Wurzeln am Teichgrund bis an die Wasseroberfläche reichen. Im Innern der Stiele ist Luft, so können Blätter und Blüten oben schwimmen.

Abgetaucht

Im Winter ist von Seerosen keine Spur auf dem Wasser zu entdecken. Kein einziges Blatt schwimmt mehr hier! Im Herbst haben sie sich nach und nach in den Teichgrund zurückgezogen. In ihren armdicken Wurzeln speichern sie die Nährstoffe bis zum nächsten Jahr.

Dicke Wurzeln speichern Nährstoffe im Teichgrund.

Echte Kamille

Typisch Außen weiß, innen gelb. Liebt ungespritzte Äcker und Wegränder.

Wertvolle Heilpflanze Die Echte Kamille zählt zu den wichtigsten Heilpflanzen überhaupt. Ihre Blüten enthalten verschiedene wertvolle Öle, die Entzündungen abheilen lassen. Als Tee hilft Kamille gegen Bauchweh, äußerlich gegen entzündete Wunden und inhaliert gegen Erkältungen. Übrigens: Wirksamer als Teebeutel sind die getrockneten Kamilleblüten!

Nur die Echte Kamille ist innen hohl

Selber sammeln

Kamilleblüten kannst du leicht selber sammeln und auf einem Handtuch auf der Fensterbank trocknen. Danach in einem leeren Marmeladenglas aufheben. Aufgepasst: Die Blütenköpfchen müssen duften und innen hohl sein, sonst ist es die unwirksame Unechte Kamille!

30–60 cm

Margerite

Typisch Weiß-gelbe Tupfer auf blühenden Sommerwiesen.

Orakelblume Kennst du dieses Kinderspiel? Nacheinander werden der Margerite die weißen Blütenblätter ausgezupft und dabei gezählt „Er liebt mich, er liebt mich nicht …“. Entscheidend ist die Antwort, die dir das letzte Blütenblättchen gibt. Übrigens: Die weißen Blütenblätter sind nur zum Anlocken von Insekten da. Sie haben weder Blütenstaub noch Fruchtknoten.

Schön im Wiesenblumenstrauß

Wo eine Margerite in der Wiese wächst, gibt es meist noch mehr. Denn sie vermehren sich rasch über Ausläufer und säen sich leicht aus. Mit hübschen Gräsern ergeben sie einen schönen, duftenden und haltbaren Sommerblumenstrauß.

Sie lockt Schwebfliegen auf die Wiese.

Gänseblümchen

Typisch Blüht auch im Winter auf Rasen und Wiesen.

Hart im Nehmen Jeder kennt das Gänseblümchen, denn es wächst fast in jedem Rasen. Mähen macht ihm nichts aus, denn seine Blätter liegen als kleine Rosette dicht an den Boden gedrückt. Nach dem Abmähen der Blüten wächst aus der Blattrosette einfach ein neuer Blütenstängel. Gänseblümchen verzieren den Rasen, sie sind auch essbar und heilkräftig.

Mit weißen Zungenblüten und gelben Röhrenblüten.

Rezepte

Pflücke die Blüten-Köpfchen nur da, wo keine Hunde Gassi geführt werden. Wasche sie gründlich und streue sie auf dein Butterbrot oder als Verzierung in den Salat. Himmlisch ist ein Bad in Gänseblümchen-Blüten: 1 Handvoll Blüten mit einer Tasse kochendem Wasser übergießen und ins Badewasser geben.

10–50 cm

Weiß-Klee

Typisch Typisches Kleeblatt und kugelige Blütenköpfchen aus 30–70 Einzelblüten.

In jedem Rasen Weiß-Klee findest du fast in jedem Rasen. Meist fällt er hier nur nicht auf, weil der Rasen immer kurz gemäht ist. Wo der Rasenmäher ein paar Wochen lang ausbleibt, kommt der Weiß-Klee zum Blühen und lockt mit seinem Nektar Hummeln und Bienen an. Barfuß solltest du hier lieber nicht laufen, denn Hummeln stechen, wenn man auf sie tritt.

Überlebenskünstler

Wie Gänseblümchen und Löwenzahn schadet auch dem Weiß-Klee der Rasenmäher nicht. Aus den Blättern am Boden schiebt er schnell wieder neue Blüten hervor. Wenn du eine Stelle kennst, die immer wieder gemäht wird, kannst du das Schauspiel selbst beobachten.

Seine Blüten ziehen Hummeln magisch an.

Weiße Taubnessel

Typisch Blätter ähneln Brennnesseln, brennen aber nicht, sondern sind flaumig weich!

Bienensaug' An Taubnesseln kannst du fast immer Bienen und Hummeln beobachten. Denn am Grund ihrer Blüten befindet sich viel süßer, duftender Nektar.

Probiere doch einmal selbst: Zupfe eine Blüte vom Stängel und sauge sie von unten her aus. Wenn kein süßer Tropfen herauskommt, dann war eine Hummel oder Biene vor dir da. Es gibt übrigens nicht nur weiße Taubnesseln, sondern auch lilafarbene (Seite 207).

Hmm, viel süßen Nektar gibt es hier!

Blüte mit Käppi

Schau dir die Blüten der Taubnessel mal genauer an: Jede trägt ein Käppi als Regenschutz. Das nennt man die Oberlippe der Blüte. Die Unterlippe trägt sie weit herausgestreckt: Das ist ein guter Landeplatz für fleißige Insekten, die die Blume ja zur Bestäubung anlocken will.

15 – 50 cm

Sumpfdotterblume

Typisch Blüht früh im Jahr dottergelb auf sumpfigen Wiesen und an Gewässerufern.

Wasserspezialistin Immer nasse Füße, das ist ihr gerade recht. Sie kann sogar völlig überspült werden, ohne davon Schaden zu nehmen. Die Blüten freuen sich sogar darüber: Der Blütenstaub schwimmt einfach zum Fruchtknoten und die Pflanze kann sich selbst bestäuben. Bei schlechtem Wetter ist das praktisch, weil dann ja kaum Insekten zur Bestäubung herumfliegen.

Freund Regen

Die sternförmigen Früchte der Sumpfdotterblume öffnen sich nur bei Feuchtigkeit. Dann quellen sie auf und ihre zahlreichen Samen werden frei dem Regen präsentiert. Auftreffende Regentropfen können nun die Samen, die Regenschwemmlinge, herausschleudern.

Die Samen sind Regenschwemmlinge.

Echte Schlüsselblume

Typisch Goldgelbe Blüten und runzelige Blätter.

Die Allerersten Schon im März erscheint sie auf niedrigen Wiesen und in lichten Wäldern. Ihre Blüten duften stark und haben orangene Flecken. Die ähnliche, nur schwach duftende Hohe Schlüsselblume findest du auf feuchten Wiesen und in Auwäldern. Beide heißen „Primel“. Das kommt aus dem Lateinischen (primus – der Erste) und bezieht sich auf die frühe Blühzeit im Jahr.

Die verwandte Hohe Schlüsselblume ist hellgelb.

Bitte nur angucken!

Weil sie so hübsch ist, wurde die Schlüsselblume früher in dicken Sträußen gepflückt. Mancherorts sammelte man sie auch in großen Mengen, um daraus Medizin herzustellen. Heute ist sie deshalb selten geworden und steht unter besonderem Naturschutz – also bitte nicht pflücken!

5–50 cm

Löwenzahn

Typisch Häufigste gelbe Blume auf Wiesen und Rasen. Nach dem Verblühen wird sie zur Pusteblume.

Löwenzahn-Sirup 1 Handvoll Löwenzahn-Blüten in einen Kochtopf geben, mit 1 Tasse Wasser 3 Minuten köcheln lassen und den Topf an einen ruhigen Ort stellen. Am nächsten Tag die Flüssigkeit durch ein Sieb in einen zweiten Topf gießen. Hier hinein auch 1 Tasse Zucker geben. Koche die Flüssigkeit, bis sie eindickt und fülle sie in ein sauberes Marmeladenglas. Schmeckt lecker auf Brot und im Tee!

Fallschirm-Flieger

Wenn der Löwenzahn verblüht, verwandelt er sich in eine Pusteblume. Schau mal genau hin: An jedem der Mini-Fallschirme hängt ein kleiner Samen. Wo der Wind ihn hintreibt und er schließlich landet, kann eine neue Löwenzahn-Blume wachsen.

So lässt du Löwenzahn-Kinder fliegen!

Scharbockskraut

Typisch Mit Blüten wie Mini-Sonnen und Blättern wie Herzen.

Früh und fix Lange bevor unsere Bäume und Büsche nach dem Winter wieder grün werden, blüht am Waldboden das Scharbockskraut. Schnell nutzt es die ersten Sonnenstrahlen, um seine vielen gelben Blütensonnen zu öffnen. Viel Zeit hat es nicht: Bis Mai muss es schon Früchte bilden, denn dann wird es mit dem austreibenden Laub dunkel unter Büschen und Bäumen.

Frühblüher auf winterkahlen Böden.

Gesund und giftig

„Scharbock“ kommt von „Skorbut“. Das ist eine Vitamin-C-Mangel-Krankheit, gegen die man früher Scharbockskraut-Salat zubereitete. Die Blätter enthalten wirklich viel Vitamin C, doch zur Blütezeit sind sie bereits schwach giftig! Deshalb nur vor der Blüte probieren!

30 – 60 cm

Wiesen-Schaumkraut

Typisch Überzieht ab Ende April feuchte Wiesen mit einem rosafarbenen oder lila-blauen Schleier.

Schmetterlings-Liebling Oft siehst du an den Blüten einen weißen Schmetterling mit leuchtend orangenen Flügelenden. Das ist der Aurorafalter, benannt nach der Sonnengöttin Aurora. Das Wiesen-Schaumkraut ist seine Lieblingsblume! Aus den Blüten saugt er Nektar. Das Weibchen klebt seine Eier unter die Blätter, denn die Raupen futtern auch am liebsten Wiesen-Schaumkraut.

Zaubertrick

Pflücke einige Blättchen vom Wiesen-Schaumkraut und lege sie in einen Blumentopf mit feuchter Erde. Die Blättchen einfach auf die Erde legen und regelmäßig wässern. Nun kannst du selbst sehen, wie aus den Blättchen wieder neue Pflänzchen sprießen.

Aus den Blättern kann eine neue Pflanze wachsen!

Heidekraut

Typisch Kleiner Strauch mit nadelartigen Blättern und vielen winzigen Blüten.

Honig und Besen Ab August verfärbt es ganze Landstriche in ein rosafarbenes Blütenmeer. Dann hörst du überall die fleißigen Bienen summen. Den Nektar der zahllosen, winzigen Blüten sammeln sie in ihren Waben. Daraus macht man den berühmten Heidehonig. Früher band man die Zweige des Heidekrauts zu Besen zusammen – daher stammt auch der bekannte Name Besenheide.

Schafe sorgen für den Erhalt unserer Heidelandschaften.

Kultur statt Natur

Die bekannte Lüneburger Heide ist in Wahrheit keine reine Natur. Nach dem Abholzen der Wälder führte man hier Schafe (Heidschnucken) ein, die jedes Pflänzchen abfraßen. Nur das borstige Heidekraut ließen sie stehen. So entstand eine schöne Kulturlandschaft.

30 – 80 cm

Klatsch-Mohn

Typisch Seine großen, knallroten Blüten siehst du schon von Weitem zwischen Gräsern und Getreide.

Hier ist das Getreide gesund Früher waren unsere Getreideäcker rot getupft vom Mohn. Heute verhindern fast überall Spritzmittel, dass Mohn und andere unerwünschte Pflanzen hier wachsen können. Auf Wiesen kann Mohn nicht dauerhaft überleben, denn seine Samen brauchen zum Keimen Licht (man nennt sie **Lichtkeimer**) und sind so darauf angewiesen, dass der Boden regelmäßig durch den Pflug geöffnet wird.

Lichtexperiment

Das brauchst Du: 2 Blumentöpfe, Erde, Sprühflasche mit Wasser, Mohnkapsel mit Samen. Im einen Blumentopf bedeckst du die Samen mit einer daumendicken Erdschicht. Im anderen streust du sie oben auf die Erde. Wo wächst der Mohn besser? Wässern nicht vergessen!

Mohnkapseln enthalten 5000 winzige Samenkörnchen

Rote Lichtnelke

Typisch Rosa Blüten mit tief gespaltenen Blütenblättern. Blüten duften nicht.

Männlein oder Weiblein? Die Rote Lichtnelke ist eine **zweihäusige** Blume: So gibt es rein männliche und rein weibliche Pflanzen. Bei den „Weibchen" sitzt unterhalb der rosafarbenen Blüten ein dicker, bauchiger Kelch und die weißen Griffel gucken aus der Blüte heraus. Bei den „Männchen" ist der Kelch ganz schlank und die gelben Pollen sind tief unten in der Blüte versteckt.

„Weibchen" erkennst du am bauchigen Kelch.

Schmetterlinge anlocken

Im Spätsommer findest du an der Roten Lichtnelke Samenkapseln mit vielen, winzigen Samenkörnern darin. Nimm eine Kapsel mit nach Hause, streue die Samen im nächsten Frühjahr in einen Blumentopf mit Erde und gieße regelmäßig. Die Rote Lichtnelke ist robust und lockt Schmetterlinge an!

50 – 200 cm

Gewöhnliche Kratzdistel

Typisch Extrem stachelige Stängel und Blätter, die Samen sind lang behaart.

Mit spitzen Lanzen An ihr ist bis auf die Blüten alles sehr pieksig: Mit Stacheln schützt sich die Distel davor, gefressen zu werden. Deshalb wird sie oft als lästiges Unkraut bezeichnet und bekämpft. Schmetterlinge, Bienen, Hummeln und Käfer sehen das ganz anders! Oft sitzen gleich mehrere Insekten nebeneinander auf einer Blüte, um von ihrem köstlichen Nektar zu naschen.

Tausende Fallschirme

Die Samen der Disteln tragen lange, weiche und federleichte Flughaare. Ein leichter Windhauch oder einmal Pusten genügt, und sie schweben wie Mini-Fallschirme über die Wiese. Früher sammelten Menschen diese Samenhaare und stopften sie statt Federn in ihre Kopfkissen.

Fliegende Distelkinder.

Roter Fingerhut

Typisch Zahlreiche rotviolette Blütenglocken in lichten Wäldern und an halbschattigen Wegrändern.

Blüht erst im 2. Jahr Wo im Herbst ein Fingerhut-Samen keimt, da wächst im nächsten Sommer nur eine dichte Blattrosette am Boden. Erst im Sommer darauf schiebt sich aus der Mitte der Blätter ein bis zu 150 cm langer Blütenstängel mit bis zu 100 Blütenglocken. Solche Pflanzen, die erst im 2. Lebensjahr blühen, werden als **zweijährig** bezeichnet.

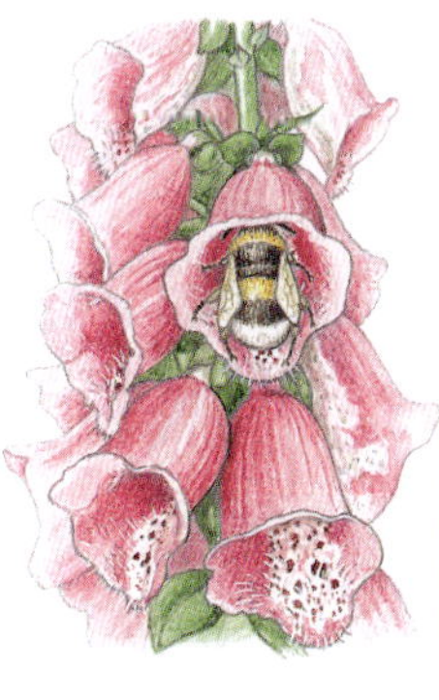

Fingerhüte sind typische Hummelblumen.

Tödlich giftig!

Der Fingerhut ist eine unserer stärksten Giftpflanzen und trägt deshalb auch volkstümliche Namen wie Teufelshut oder Hexenblume. Alles an ihm ist extrem giftig, insbesondere Blätter und Samen. Deshalb gilt hier: Anschauen ja, aber bitte nicht anfassen! Für Hummeln ist der Blütenstaub übrigens nicht giftig.

10 – 40 cm

Wiesen-Rotklee

Typisch Rosa Blütenköpfchen und dreigeteilte Blätter auf der Wiese.

Die Hummeln fehlten! Wiesen-Rotklee wird auf Feldern angebaut, weil er den Ackerboden entscheidend verbessert. Deshalb schiffte man ihn Anfang des 19. Jahrhunderts auch nach Australien. Doch hier bildeten sich kaum Samen an den Pflanzen. Der bedeutende Forscher Charles Darwin fand den Grund dafür: Es gab keine Hummeln zum Bestäuben! Die wurden deshalb gleich hinterhergeschickt.

Wer war Darwin?

Charles Darwin, geboren 1809 in England, ist einer der bedeutendsten Naturwissenschaftler. Als Junge streifte er am liebsten in der Natur umher, der Schule konnte er nicht viel abgewinnen. Mit 14 Jahren nahm ihn sein Vater wegen seiner schlechten Noten von der Schule.

Ein vierblättriges Kleeblatt gilt als Glücksbringer!

Gefleckte Taubnessel

Typisch Ihre gesägten Blätter erinnern zwar an Brennnesseln, sind aber „taub“. Sie brennen also garantiert nicht!

Besuch der Königin Taubnesseln blühen schon früh im März. Gerade dann, wenn die Hummel-Königinnen hungrig und durstig aus ihrer Winterstarre erwachen und Kraft tanken müssen. Jetzt blühen ja noch nicht viele Blumen. In den Blüten der Taubnessel finden sie sehr viel zuckerreichen Saft. Deshalb kannst du hier oft ganz viele Hummel-Königinnen gleichzeitig beobachten.

Hummeln fliegen auf Taubnessel-Blüten!

Blume mit Mund

Wenn du eine Taubnessel-Blüte durch die Lupe betrachtest, dann kannst du ihre gewölbte **Oberlippe** und ihre weiß gefleckte **Unterlippe** erkennen. Blumen mit solchen Blüten heißen deshalb auch Lippenblütler. Tief unten in diesem „Mund“ liegt der Nektar versteckt.

30 – 80 cm

Kornblume

Typisch Ihre kornblumenblauen Blüten.

Blau im Korn Kornblumen fühlen sich in sonnigen Getreidefeldern besonders wohl. Bei der Ernte gelangen ihre Samen unter die Getreidekörner und werden so wieder mit ausgesät. Früher waren die Getreidefelder voller blauer Kornblumen. Heute entfernt man ihre Samen aus dem Saatgut und oft werden sie mit Giften bekämpft. So sind Kornblumen selten geworden.

Nur Attrappen!

Schau dir mal eine Blüte von Nahem an, dann siehst Du, dass das Blütenköpfchen aus ganz vielen Blütchen besteht. Die hübschen, größeren Blüten am Rand locken Insekten an, enthalten aber keinen Nektar. Der befindet sich nur in den winzigen Röhrenblütchen.

Die blauen Randblüten sind nur Attrappen!

Leberblümchen

Typisch Lila Frühlingsbote im Laubwald. Die Blätter überwintern und sehen im Frühling nicht mehr sehr schön aus.

Märzblümchen Solange die Blätter im Laubwald sich noch nicht entfaltet haben, dringt das Sonnenlicht bis zum Waldboden vor. Hier nutzt das Leberblümchen jetzt schnell die Wärme, um seine Blüten zu entfalten. Viel Zeit hat es nicht zum Blühen: Im Mai wird es mit der Entfaltung der Baumblätter dunkel. Übrigens: Wo das Leberblümchen wächst, enthält der Boden immer viel Kalk.

Das Blatt hat die Form einer Leber.

Von Ameisen verschleppt

Im Mai hat sich die Blüte des Leberblümchens in eine Frucht verwandelt, in der viele kleine Samen reif sind. Jedes Samenkorn trägt ein weiches, nahrhaftes Anhängsel, das gern von Ameisen gefuttert wird: Die Ameisen verschleppen die Samen und sorgen so für ihre Ausbreitung.

10 – 20 cm

Gundermann

Typisch Blätter rundlich-herzförmig und am Rand gewellt.

Der kann kriechen Er kriecht oft weit über den Boden, bis er ein helles Plätzchen findet. Erst hier wächst der Stängel in die Höhe und entfaltet die helllila Blüten. Schau dir den Stängel mal an: Er ist 4-kantig und die Blätter daran stehen sich immer gegenüber. Botaniker nennen das **gegenständig**. Aus den Achseln der Blätter wachsen immer 2–3 Blüten.

Gundermann-Marmelade

Wenn der Gundermann blüht, ist auch der Rhabarber reif: Schäle 500g Rhabarber, schneide ihn klein und gib ihn mit 250 g Gelierzucker und 1 Handvoll klein geschnittenem Gundermann in einen Topf. Kurz aufkochen und in ein sauberes Marmeladenglas füllen. Lecker!

Die Blüten wachsen in den Blattachseln.

Günsel

Typisch Blüten stehen gehäuft am Stängelende (vergleiche Gundermann auf der linken Seite).

Nicht verwechseln! Der Günsel hat viel mit dem Gundermann gemeinsam und kann mit ihm verwechselt werden. Die Blüten sind klein und lilablau, sein Stängel ist 4-kantig und die Blätter stehen sich immer genau gegenüber. Im Unterschied zum Gundermann hat der Günsel am Boden aber eine Blattrosette ausgebildet und seine Blüten stehen hauptsächlich gehäuft am Stängelende.

Die Oberlippe ist beim Günsel nur winzig klein.

Hitliste für Schmetterlinge

Schmetterlinge fliegen auf Blüten mit viel süßem Blütennektar. Auf der Hitliste der beliebtesten Schmetterlingsblumen stehen Lichtnelke, Salbei, Storchschnabel, Taubnessel, Veilchen und der Günsel. Hier kannst Du oft Schmetterlinge entdecken. Sieh selber nach!

5–30 cm

Breitwegerich

Typisch Löffelförmige Blätter mit 5–7 Nerven.

Fußstapfen des Weißen Mannes Wo der Weiße Mann ins nordamerikanische Indianerland vordrang, konnte man seinen Weg gut verfolgen: Denn überall am Weg wuchs der Breitwegerich! Den gab es vorher in Nordamerika nicht. Die ersten Siedler brachten ihn auch nicht absichtlich mit. Seine Samen klebten einfach an ihren Schuhsohlen und wo sie abfielen, da keimten sie zu neuen Pflanzen heran.

Klebrige Samen

Die Blüten sind winzig und stehen dicht an dicht in einer langen Ähre. Die Samen quellen bei Nässe auf und werden dann klebrig. So haften sie an den Füßen von Mensch und Tier und der Breitwegerich kann völlig unbemerkt immer neue Gebiete besiedeln.

Die Blattrosette hält Tritten Stand.

Spitzwegerich

Typisch Blattrosette am Boden aus Blättern wie Lanzen, unscheinbare Blütenähre.

Balsam gegen Insektenstiche Gib 40 ml Olivenöl und eine Handvoll gewaschenen und mit der Schere zerschnittenen Spitzwegerich in einen Topf und erwärme es langsam. Gieße das Öl durch ein Geschirrtuch in einen zweiten Topf. Gib 4 g Bienenwachs (aus der Apotheke) dazu und erwärme es erneut bis alles flüssig ist. Die erkaltete Masse kannst du in saubere Döschen füllen.

Man nennt ihn auch Indianerpflaster.

Erste Hilfe am Wegesrand

Spitzwegerich findest du praktisch überall am Wegesrand. Einfach 1–2 Blätter pflücken, in der Hand zerquetschen bis etwas Saft austritt, mit Spucke vermischen (desinfiziert) und auf den Stich legen. Das kühlt, nimmt den Schmerz und wirkt bakterientötend.

60 – 200 cm

Beifuß

Typisch Blätter gefiedert, von unten weißfilzig. Duften beim Zerreiben aromatisch.

Beschützer der Wanderer Meist wird der Beifuß am Wegesrand gar nicht wahrgenommen, so unscheinbar sind seine Blätter und Blüten. Die alten Römer kannten die Heilkraft, die er auf müde Füße hat. Sie banden sich vor Wanderungen und Läufen eine Beifuß-Pflanze ans Bein oder legten sich zur Erfrischung Beifuß-Blätter in ihre Sandalen. Nach der Wanderung hilft ein Fußbad in Beifuß-Tee.

Tanz mit dem Gürtel

Bei den alten Germanen war es Sitte, mit einem aus Beifuß geflochtenen Gürtel um das Sonnenwendfeuer am 21. Juni zu tanzen. Anschließend wurde der Gürtel im Feuer verbrannt. Das sollte in der nun kommenden, dunkleren Jahreshälfte vor Krankheit und bösem Zauber schützen.

Die winzigen Röhrenblüten stehen dicht beieinander.

Brennnessel

Typisch Grob gesägte Blätter, die bei Berührung brennende Quaddeln auf der Haut hinterlassen.

Liebling der Schmetterlinge Die meisten Menschenkinder lieben Brennnesseln nicht. Die meisten Schmetterlingskinder schon! Ihnen macht das Brennen nichts aus, sie sind genau die richtige Nahrung für sie. So essen die Raupen von 36 Schmetterlingsarten tatsächlich nichts lieber als Brennnesseln. Darunter sind so schöne Arten wie Admiral, Distelfalter, Tagpfauenauge, C-Falter und Kleiner Fuchs.

Die Brennhaare enthalten eine juckende Flüssigkeit.

Schau auf meine Blätter

Nimm dir ein bisschen Zeit, einfach in ein Brennnessel-Gebüsch zu schauen. Du wirst staunen, wie viele Tiere du da zu sehen bekommst! Grashüpfer, Zikaden, grünmetallische Käfer, Spinnen und wenn du genau schaust, wirst du auch viele kleine, gefräßige Schmetterlingsraupen entdecken.

2–3 cm

Eibe

Typisch Dunkelgrün glänzende, flache und sehr biegsame Nadeln und leuchtend rote Früchte.

Die den Schatten liebt Meist bis 15 m hoher Baum. Eiben wachsen gern im Schatten anderer Bäume, am liebsten da, wo der Boden gut mit Wasser versorgt ist. Als unser Land noch von Urwäldern bedeckt war, da standen im Unterwuchs überall viele, uralte Eiben. Heute findest du sie in freier Natur nur noch in kleinen Naturwald-Resten oder angepflanzt in Parks und Gärten. Achtung! Alle Teile der Eibe sind für Menschen extrem giftig!

Amseln als Förster

Vögel können Bäume und Sträucher pflanzen. Hier hat die Amsel erst Eibenfrüchte gefuttert und dann den Samen mit ihrem Kot wieder ausgeschieden. Der Samen konnte, versehen mit einer Portion Dünger, zu einem neuen Baum heranwachsen.

Auf der Mauer ist eine kleine Eibe herangekeimt.

Kiefer

Typisch Lange Nadeln, immer in Zweierpaaren.

Riesenbrokkoli Kiefern fallen unter den Nadelbäumen schon von weitem mit ihrer schirmförmigen Baumkrone auf. Sie sehen damit aus wie Riesenbrokkoli in der Landschaft. Auch ihre langen Nadeln sind leicht von Tannen- und Fichtennadeln zu unterscheiden. Die Zapfen der Kiefern sind rundlich-eiförmig, und öffnen sich nur bei Trockenheit. Dann klaffen ihre Zapfenschuppen weit auseinander und entlassen die Samen.

Eine Kiefer wird angeritzt, um Harz zu gewinnen.

Was ist Harzen?

Wird ein Nadelbaum verletzt, so bildet er an der Wunde klebriges, zähes Harz aus, um sie damit zu verschließen. Dieser Harz wird auch von Menschen benutzt, um daraus Heftpflaster herzustellen. Beim Harzen wird der Baum angeritzt und das austretende Harz gewonnen.

1–2 cm

Wacholder ☠

Typisch Meist in Heiden, braucht viel Licht. Mit dunkelblauen Beeren.

Überlebenskünstler Dem Wacholder genügen zum Wachsen sandige, nährstoffarme Böden, doch er braucht viel Sonne. Deshalb wächst er nicht gern im Wald, sondern eher in offenen, trockenen Sandgebieten, in denen es den meisten anderen Bäumen viel zu karg ist. Die blauen Früchte werden als Gewürz zum Kochen benutzt, aber roh sind sie schwach giftig.

Dünne Opas

Ein 10 Jahre alter Wacholder ist meist nur 1 m hoch. Auch sein Stamm wird jedes Jahr nur etwa 1 mm dicker. So ist ein Wacholder mit einem 30 cm dicken Stamm manchmal schon viele hundert Jahre alt. Wacholder kann sehr lange leben: 500–2000 Jahre sind für ihn ganz normal.

Der Wacholder wächst wie eine Säule.

Lärche

Typisch Unser einziger Nadelbaum, dessen Nadeln sich im Herbst goldgelb verfärben und dann abfallen.

Nadelbüschel Die Nadeln der Lärche sind leicht von anderen Nadelbäumen zu unterscheiden, denn sie stehen immer in dichten Büscheln von 20–40 Stück zusammen. Da die Lärche ihre Nadeln im Winter abwirft, sind die neu ausgetriebenen Nadeln im Frühjahr noch ganz zart und hellgrün. Im Verlauf des Sommers werden sie aber immer fester und dunkler. Lärchenholz enthält viel Harz und ist deshalb sehr wetterfest.

Die Äste tragen immer neue und alte Zapfen nebeneinander.

Da sind immer Zapfen dran

Lärchenzapfen sind eiförmig und nicht länger als dein kleiner Finger. Sind die Samen ausgeflogen, so verbleiben die Zapfen immer noch an den Ästen. Erst wenn die Äste selbst nach 5–10 Jahren brüchig werden und abfallen, gelangen mit ihnen auch die Zapfen auf den Boden.

2–4 cm

Douglasie

Typisch Jede Zapfenschuppe trägt 3 lange, gut sichtbare Zipfel. Dadurch sehen die Zapfen fransig aus.

Nicht Fichte, nicht Tanne Meist bis 60 m hoher Baum. Die Douglasie hat weiche und flache Nadeln, die an der Spitze gerundet sind. Beim Abfallen oder Abzupfen der Nadeln bleibt eine rundliche Narbe zurück wie bei der Tanne (nicht ein Höcker wie bei der Fichte). Ihre Zapfen hängen an den Zweigen wie bei der Fichte (bei der Tanne stehen sie aufrecht) und fallen schließlich als Ganzes vom Baum.

Waldtraut ist die Höchste

Der höchste Baum Deutschlands ist die Douglasie „Waldtraut vom Mühlenwald“. Die 90-jährige Dame steht im Stadtwald von Freiburg im Breisgau und misst 63,33 m. Der höchste Baum der Welt ist ein 115,55 m hoher Mammutbaum im kalifornischen Sequoia-Nationalpark.

Borke junger Bäume mit Harzbläschen, später tief gefurcht.

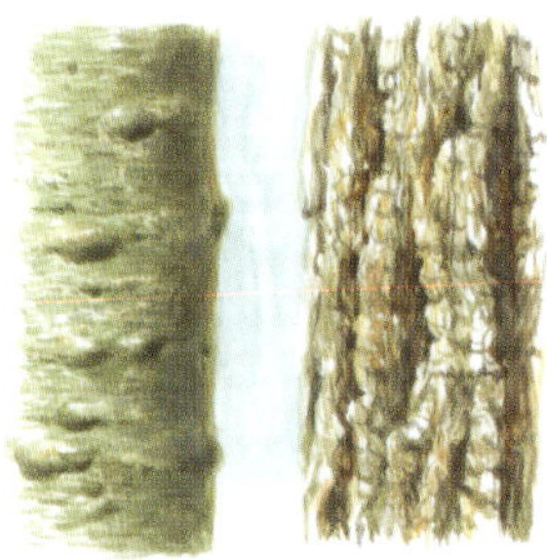

1–3 cm

Fichte

Typisch Spitze, stechende Nadeln, Zapfen fallen als Ganzes vom Baum.

Fliegende Samen Bis 50 m hoher Baum. Die stechenden Nadeln der Fichte sind schraubig um den Zweig herum angeordnet. Zupfst du eine Nadel ab, so bleibt immer ein kleiner Höcker zurück. Deshalb fühlt sich ein entnadelter Fichtenzweig im Unterschied zum Tannenzweig auch rau wie eine Feile an. Die Fichtenzapfen hängen an den Zweigen nach unten. Sie öffnen sich nur bei Trockenheit, dann fliegen ihre geflügelten Samen propellerartig zu Boden.

Die Zapfen der Tanne zerfallen am Ast

Warum findet man nie Tannenzapfen?

Tannenzapfen am Waldboden gibt es schlichtweg nicht, da die Tanne ihre Zapfen nicht als Ganzes abwirft. So kann keiner Tannenzapfen am Waldboden sammeln. Es sind garantiert Fichten-, Kiefern- oder Douglasienzapfen, denn nur diese werfen ihre Zapfen als Ganzes ab.

2–8 cm

Mistel

Typisch Giftig! Kugeliger, bis 1 m großer, immergrüner Strauch, der immer auf anderen Bäumen wächst.

Ganz schön frech Misteln haben sich einen guten Trick ausgedacht, um ohne allzu großen Aufwand möglichst weit oben im Sonnenlicht wachsen zu können und trotzdem genügend Nährsalze und Wasser zur Verfügung zu haben. Sie wachsen einfach auf anderen Bäumen! Landet eine Mistelbeere auf einem Ast und keimt, so schiebt die wachsende Mistel ihre Wurzeln durch die Rinde ins Holz des Baumes und zapft seine Vorräte an.

Miraculix' Druidenmix

Was genau er in seinen sagenhaften Zaubertrank mischt, der auf bestimmte Zeit unbesiegbar macht, das verrät Miraculix, der Druide, natürlich niemals. Nur ein Hauptbestandteil ist bekannt: die Mistel. Probiere aber nicht, es nachzukochen, denn Misteln sind giftig!

Zapft mit ihren Senkwurzeln andere Bäume an.

Schneebeere

Typisch Unverwechselbare, weiße Beerenfrüchte, die in Knäueln wachsen.

Knallerbsen Bis 3 m hoher Strauch. Die Schneebeere heißt so wegen ihrer weißen Früchte, die aussehen wie Mini-Schneebälle. Vielleicht kennst du sie eher unter dem Namen „Knallerbsen": Wirfst du sie fest auf Asphalt oder Steine, so platzen sie mit einem netten Knall, weil ihr Inneres mit einem schaumigen, luftgefüllten Gewebe gefüllt ist. Händewaschen hinterher nicht vergessen, denn die Früchte gelten als schwach giftig!

Mit kleinen, hellrosa Blütenglöckchen.

Aus Amerika

Die Schneebeere ist ursprünglich in Nordamerika zuhause und wurde vor über 100 Jahren als Gartenstrauch nach Europa eingeführt. Überall da, wo die Böden eher karg sind, breitet sich die anspruchslose Schneebeere rasch aus und bildet dichte Hecken.

8–10 cm

Flieder

Typisch Herzförmige Blätter und prächtige, meist lilafarbene Blütenrispen im Frühjahr.

Parfümstrauch Bis zu 7 m hoher Strauch oder kleiner Baum. Bei uns ist kommt der Flieder nur als Garten- oder Parkbaum vor, denn er ist hier nicht heimisch. Ursprünglich ist er in Südosteuropa und in Asien zuhause. Auffällig sind im Frühjahr seine bis zu 20 cm langen, aufrechten Blütenrispen, die intensiv süß duften. Es gibt viele verschiedene Züchtungen, die lila, rosa oder weiß blühen. Der Flieder duftet so toll, dass aus seinen Blüten Parfüm hergestellt wird.

Nicht verwechseln!

Hast du schon einmal von „Fliederbeeren“ gehört? Verwirrenderweise sind damit nicht die Früchte des Flieders gemeint, denn in unserem Klima bildet er meist keine reifen Früchte aus. Gemeint sind damit die Früchte des Holunderstrauchs (Seite 244). Korrekt heißen diese aber „Holunderbeeren“.

Fliederblüten sind einfach unwiderstehlich!

Schmetterlingsflieder

Typisch Duftende Blütenrispen im Hochsommer. Blüht weiß, gelb, orange, rosa, purpurrot oder lila.

Raupen nicht vergessen! 3–5 m hoher Strauch. Wer Schmetterlinge anlocken möchte, der pflanzt einen Schmetterlingsflieder. Sein Duft zieht Schmetterlinge magisch an; in den Blüten finden sie viel süßen Nektar. Wer Schmetterlingen dauerhaft helfen möchte, lässt auch eine „wilde Ecke“ im Garten, wo Brennnesseln, Disteln und wilde Himbeeren wuchern dürfen: Das ist die Leibspeise der meisten Schmetterlingsraupen.

Seine Blüten sind ein Magnet für Schmetterlinge.

Schmetterlingsflieder eine Plage?

So schön der Schmetterlingsflieder auch ist: in manchen Ländern ist der beliebte Gartenstrauch in freier Natur mittlerweile zur echten Plage geworden. So breitet er sich an vielen Flussufern in der Schweiz ungehindert aus und verdrängt hier die vielfältigen heimischen Sträucher.

5–10 cm

Buche

Typisch Buchen tauchen mit ihrem Laubaustrieb ab Mitte April unsere Wälder in ein lichtes Grün.

Buchen-Zeit Bis 40 m hoher Baum. Als das Klima in Mitteleuropa vor etwa 4500 Jahren noch wärmer und trockener war, da wuchsen in unseren Wäldern hauptsächlich wärmeliebende Eichen. Je feuchter und kühler das Klima wurde, desto mehr konnten sich bei uns die Buchen durchsetzen. Heute sprechen wir in Mitteleuropa von der „Buchen-Zeit“: Ohne Zutun des Menschen wäre fast unsere gesamte Landschaft heute flächendeckend von Buchenwäldern bedeckt.

Lecker Buche

Das müsst ihr im Frühling unbedingt probieren: Legt einige junge, zartgrüne, noch flaumig behaarte Buchenblätter auf ein Butterbrötchen – mmhh – köstlich! In wenigen Wochen sind die Blätter von einer derben Außenschicht umgeben und schmecken nicht mehr.

Unverwechselbar: silbergraue, glatte Rinde und Buchecker.

Hainbuche

Typisch Auch im Winter noch mit braunen, trockenen Blättern an den Zweigen. Oft als Gartenhecke in Form geschnitten.

Verträgt Rückschnitte Bis 25 m hoher Baum, wächst auch als Strauch. Hainbuchen findest du im Wald häufig in Nachbarschaft von Eichen. Diese Wälder sind meist hell, warm und relativ trocken. Früher wurden die Zweige der Hainbuche geschnitten, um sie ans Vieh zu verfuttern. Da sie selbst nach kräftigen Rückschnitten schnell wieder ausschlägt, war sie hierfür besonders geeignet.

Blatt, Hängekätzchen und Flugsamen der Hainbuche.

Schöner Sichtschutz

Ihre Schnittverträglichkeit machen wir uns heute noch zunutze: Viele schöne, alte Gartenhecken sind aus Hainbuchen gezogen. Da über den Winter immer noch trockenes Laub an den Zweigen verbleibt und diese Hecken bei regelmäßigem Schnitt sehr dicht wachsen, bieten sie rund ums Jahr guten Sichtschutz.

3–4 cm

Schlehe

Typisch Blüht weiß, bevor Blätter sich entfalten. Im Herbst mit mehlig blau bereiften Früchten.

Tierschutz-Hecke Schlehen wachsen sehr dicht und tragen mehrere Zentimeter lange und nadelspitze Dornen. Hinzu kommt, dass sich der Strauch durch unterirdische Ausläufer schnell ausbreiten kann. So bilden Schlehensträucher bald undurchdringliche, breite Hecken. Hier können Vögel unbesorgt ihre Nester bauen! Die Früchte der Schlehe sehen aus wie blaue Kirschen und sind erst nach den ersten Frösten genießbar. Am besten schmecken sie als Saft oder Marmelade.

Frühblüher

Schlehenhecken zaubern im Frühling schneeweiße, duftende Bänder in die kahle Landschaft. Die Blüten entfalten sich lange vor den grünen Laubblättern, halten aber nur kurz. Doch in dieser Zeit bieten sie reichlich süßen Nektar für früh im Jahr fliegende Insekten.

Blauschwarz und so groß wie Murmeln: Schlehenfrüchte.

Heidelbeere

Typisch Heißt auch Blaubeere: Blaue Beerenfrüchte, junge Zweige scharf dreikantig und grün.

Achtung – nicht verwechseln! Bis 50 cm großer Zwergstrauch. Leider hat ausgerechnet die leckere Heidelbeere einen giftigen Doppelgänger: die Rauschbeere. Bei ihr sind junge Zweige aber nicht kantig und grün. Ihre Früchte sehen der Heidelbeere zum Verwechseln ähnlich, doch wenn du sie zerquetschst siehst du, dass das Fruchtfleisch der giftigen Rauschbeere innen farblos ist. Das Innere der wilden Blaubeere ist dagegen dunkelrot.

Mit Blüten wie kleine Glocken.

Die beste Medizin

„In der Heidelbeerzeit kann der Arzt beruhigt in die Ferien fahren“ sagt ein altes Sprichwort. Denn Heidelbeeren enthalten viele wichtige Vitamine, außerdem Eisen, Kalzium, Magnesium und Gerbstoffe. So helfen die blauen Wunderbeeren gegen vielerlei Keime und Entzündungen, von Bauchweh bis zu Zahnschmerzen.

5–8 cm

Pfaffenhütchen

Typisch Achtung! Die orange-pinken Früchte sind tödlich giftig! Aber auch das Holz und die Blätter enthalten Giftstoffe. Deshalb: bitte nicht anfassen!

Rotkehlchen-Brötchen Bis 6 m hoher Strauch oder Baum. Sind die Früchte des Pfaffenhütchens reif, so springt die pinkfarbene Außenhülle in 4 Teile auf und der von orangem Fruchtfleisch umgebene Samen wird frei. Für uns Menschen sind die knalligen Früchte giftig – für Vögel nicht! So kannst du im Winter häufig Rotkehlchen und Amseln dabei beobachten, wie sie die grell leuchtenden Früchte aufpicken.

Wer hat da Gardinen aufgehängt?

Natürlich keiner! So sehen Pfaffenhütchen-Sträucher aus, die von der Gespinstmotte befallen sind. Der kleine, weiße Schmetterling legt seine Eier auf die Blätter. Daraus schlüpfen Hunderte von Raupen, die Blätter fressen und sich Gespinste als Unterschlupf bauen.

Motte und ihr Gespinst.

Salweide

Typisch Gelb blühende Weidenkätzchen um die Osterzeit, erst danach entfalten sich die Blätter.

Klitzekleine Kätzchen Die Salweide zeigt uns verlässlich an, wenn es endlich Frühling wird. Denn dann öffnen sich ihre braunen Knospenschuppen und darunter kommen jetzt Hunderte pelziger Knospen zum Vorschein – jede so zart und weich wie ein kleines Kätzchen. Dieser warme Pelz schützt die Blütenknospe vor dem Erfrieren, denn es kann jetzt noch empfindlich kalt sein, besonders nachts. Bald entfalten sich die duftenden, gelben Blüten.

Die Blätter sind oval, dunkelgrün und runzelig.

Die lockt Bienen

Die Salweiden blühen schon, wenn unsere Landschaft nach dem Winter noch kahl und graubraun daliegt. Jede Salweide ist deshalb jetzt eine Oase für Bienen und Hummeln: Hier finden sie, was sie nach einem Winter ohne Nahrung brauchen: Blütennektar und Pollen!

bis 15 cm

Vogelkirsche

Typisch Blüht schon, bevor sie ihre Laubblätter entfaltet. Der ganze Baum sieht dann aus wie mit Schnee bedeckt.

Wilde Schönheit Bis 30 m hoher Baum. Die Vogelkirsche ist die Wildform unserer Süßkirschen. Ihre Früchte werden nur 1 cm groß und schmecken saurer als gezüchtete Kirschen. Wenn ein Vogelkirschbaum im Frühjahr erblüht, so öffnet er gleichzeitig rund 1 Million duftender Blüten. Setzt du dich unter so eine blühende Kirsche, so hörst du das Summen und Brummen unzähliger Hummeln und Bienen, die in den Blüten Nektar trinken.

Die hängen verflixt hoch

Die Früchte der Vogelkirsche sind zwar klein, aber lecker. Da die Früchte tragenden Äste aber erst weit oben am Stamm ansetzen, ist es nicht einfach, an reife Kirschen heranzukommen. Wer wartet, bis die Kirschen richtig reif sind, hat meist das Nachsehen – auch unsere Vögel mögen sie sehr.

Ihre Früchte schmecken nicht nur Vögeln.

Hasel

Typisch Schon ab Februar mit Hängekätzchen und im Herbst dann mit leckeren Haselnüssen. Sie sind reif, wenn ihre Schale braun ist.

Blätter nach der Blüte Bis 6 m hoher Strauch. Typisch am Hasel sind seine eiförmigen, weichen Blätter, die er aber erst nach der Blüte entfaltet. An jedem Haselstrauch findest du sowohl männliche als auch weibliche Blüten. Der Blütenstaub der Hängekätzchen wird vom Wind über weite Strecken davongetragen und kann bei empfindlichen Menschen Niesen und Atemnot hervorrufen.

Männliche, gelbe Hängekätzchen und rosafarbene weibliche Blüten.

Ein Baum mit Haselnüssen?

In Städten findest du oft an Straßen einen Baum, der Haselnüsse trägt, die aber klein sind und nach nichts schmecken. Sie stecken in besonders struppigen Hüllblättern. Er heißt „Baumhasel“ und seine Nüsse werden höchstens zum Backen verwendet.

15–25 cm

Linde

Typisch Steht oft einzeln, z. B. im Mittelpunkt eines Dorfes. Blüten duften extrem süß und enthalten viel Nektar.

Blätter wie Herzen Jede Linde trägt Tausende herzförmige Blätter, weshalb sie auch als Baum der Liebe gilt. Die Blüten locken im Juni zahlreiche Bienen zur Bestäubung an. Ihre kleinen, kugeligen Früchte hängen an einem trockenen Flügelblatt, das sich beim Herabfallen dreht wie ein Propeller. Schon ein leichter Windhauch genügt und die Früchte landen durch die Drehbewegung ein ganzes Stück weit vom Mutterbaum entfernt.

Lindenblütentee

Lindenblüten enthalten gesunde Schleimstoffe und ätherische Öle, die gut gegen fiebrige Erkältungen helfen. Einfach Lindenblüten auf einer sonnigen Fensterbank trocknen, in Pergamenttüten aufbewahren und bei Bedarf einige mit heißem Wasser übergießen.

Blatt von unten und oben, Früchte.

Zitter-Pappel

Typisch Rundliche Blätter auf langen Stielen. Blattunterseite heller als Oberseite.

Warum zitterst du? Zitter-Pappeln erkennst du ganz einfach schon von Weitem: beim kleinsten Windhauch „zittern" ihre Blätter bereits. Doch sie friert nicht und hat auch keine Angst! Pappelblätter zittern, weil ihre Blätter auf sehr langen, abgeplatteten Stielen sitzen. Typisch sind die diamantförmigen Korkwarzen auf ihrer Rinde: Hier hindurch kann der Baum Luft durch die ansonsten luftdichte Rinde aufnehmen.

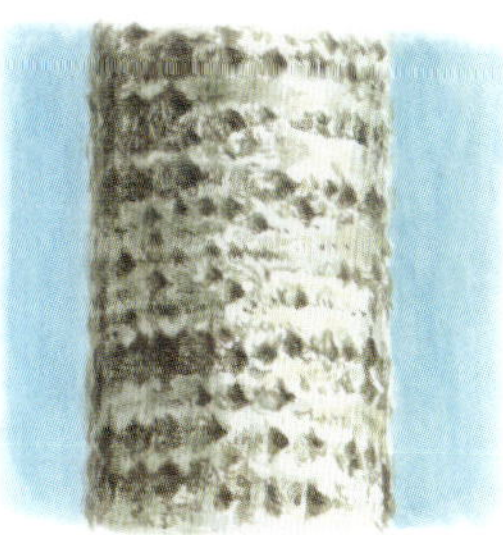

Durch die Korkwarzen atmet der Baum.

Keiner wächst schneller

In Mitteleuropa gibt es keinen Baum, der es in Punkto Wachstum mit der Pappel aufnehmen kann: Sie legt pro Jahr 1 m an Höhe zu, so dass eine 10-jährige Pappel bereits 10 m misst! Aus ihrem leichten Holz werden Zündhölzer, Toilettenpapier und Obststeigen gefertigt.

bis 10 cm

Erle

Typisch Mini-Zapfen, die das ganze Jahr über an den Zweigen hängen.

Immer am Wasser Bis 25 m hoher Baum. Wächst an Bach- und Seeufern, wobei die Wurzeln auch noch im Gewässer selbst wachsen können. Erlen kannst du das ganze Jahr über an ihren kleinen Erlenzapfen erkennen, denn auch nach dem Ausstreuen der winzigen Samen aus den Zapfen bleiben diese noch bis zum nächsten Sommer an den Zweigen hängen. Die Samen schwimmen und werden so mit dem Wasser verbreitet.

Winter-Vogelfutter

Wenn Schnee liegt, dann kannst du unter Erlen häufig ganz viele winzig kleine, dunkle Pünktchen im Schnee entdecken. Das sind die Samen, die jetzt im Winter aus den sich öffnenden Zapfen rieseln. Für Vögel wie Erlenzeisige und Stieglitze sind sie eine willkommene Winternahrung.

Blatt, Blütenkätzchen und Zapfen der Erle.

Birke

Typisch Weißer Stamm mit schwarzen Furchen, Hängekätzchen und dreieckig zugespitzte Blätter.

Die Schnellwüchsige Bis 25 m hoher Baum. Birken können an vielen Standorten wachsen, die für andere Bäume nicht geeignet sind. So kommen sie sowohl mit nährstoffarmen Sandböden in Heiden zurecht als auch mit nassen, sauren Böden in Mooren. Weil sie so unempfindlich und raschwüchsig sind, bilden Birken an unwirtlichen Standorten, wie in ehemaligen Kiesgruben, wo sich andere wenig wohl fühlen, bald dichte Wälder.

Rinde und Blütenkätzchen der Birke

Warum bist du weiß?

Je älter der Baum, umso schwarzrissiger und tiefer gefurcht wird die anfangs noch ganz glatte, weiße Rinde. Die weiße Farbe wird durch einen Stoff namens „Betulin“ verursacht und ist ein hervorragender Schutz gegen Tierfraß, Pilzbefall, Bakterien und Nässe.

meist 20 cm

Himbeere

Typisch Bildet oft gemeinsam mit Brombeeren stacheliges Gestrüpp auf Waldlichtungen und an Wegrändern.

Lecker im Wald … Bis 2 m hoher Strauch mit bogenförmig überhängenden, stacheligen Zweigen. Im Frühsommer sind Himbeersträucher mit ihren unzähligen Blüten voller Nektar ein verlockender Saftladen für viele Bienen und Schmetterlinge. Im Spätsommer, wenn die Himbeerfrüchte reif sind, kommen Vögel, Mäuse, Marder und sogar Füchse, um davon zu naschen. Schon für die Steinzeitmenschen waren wilde Himbeeren ein beliebtes und häufig gesammeltes Obst.

… und im Garten!

Himbeeren sind ein feines Naschobst für eine „wilde Ecke“ im Garten, auf dem Hinterhof oder im Schulgarten. Denn Himbeersträucher sind robust und anspruchslos, ihnen genügt auch ein halbschattiges Plätzchen. Im Gartencenter bekommst du viele Sorten, auch solche ohne Stacheln.

Fiederblatt und Blüten.

Brombeere

Typisch Blauschwarze Früchte an stacheligen Ranken.

Klettert mit ihren Stacheln Bis 3 m hoher Strauch. Brombeersträucher wachsen häufig an Waldrändern und an sonnigen Hängen. Ihre Ranken wuchern wild in alle Richtungen, oft auch am Boden, wo sie einen leicht zum Stolpern bringen. Mit ihren Stacheln können sich die Ranken gut an anderen Sträuchern festkrallen. So werden manche Sträucher ganz von Brombeeren überwachsen. Zuchtformen für den Garten werden heute meist ohne Stacheln gezüchtet.

Brombeerblüten locken viele Insekten an.

Blauschwarze Perlen

Brombeeren sind erst reif, wenn sie wirklich tief blauschwarz gefärbt sind. Meist hängen unreife (rötliche) und reife (blauschwarze) Früchte nebeneinander am Strauch. Dabei ist jede Brombeere aus vielen kleinen blauschwarzen Beeren zusammengesetzt und jede davon enthält einen winzigen Kern.

bis 12 cm

Hunds-Rose

Typisch Rosaweiße Blüten im Mai, ab September mit roten Hagebutten.

Stacheln und Fiederblätter Bis 3 m hoher Strauch mit lang überhängenden, stacheligen Zweigen, in denen man sich leicht verheddern kann. Für Rosen ist ganz typisch, dass ihre Blätter aus vielen kleineren Einzelblättchen zusammengesetzt sind. Das nennen Botaniker „gefiedertes Blatt". Bei der Hunds-Rose bilden immer 5–7 Blättchen ein solches Fiederblatt. Die Blüten sind erst blassrosa, später verblassen sie und sind nur noch weiß.

Tee selbst gesammelt

Die eiförmigen, rotorangen Früchte der Rosen heißen Hagebutten. Sie sind reich an Vitamin C und schmecken lecker als Tee. Du musst sie dazu halbieren und die Kerne entfernen. Auf der sonnigen Fensterbank trocknen, im Glas aufbewahren und dann zwei Teelöffel davon mit kochendem Wasser übergießen.

Fiederblatt und Hagebutten.

Rosskastanie

Typisch Blütenkerzen im Frühling und glatte, braune Kastanienfrüchte mit grüner Stachelhülle im Herbst.

Die hat Motten Bis 25 m hoher Baum. Jedes Kastanienblatt sieht aus wie eine Hand mit 5–9 „Fingern". Dabei sind die Finger immer zum Ende hin am breitesten. Oft sehen die Blätter vieler Kastanien im Sommer schon braun und welk aus. Dann sind sie von den Larven der Rosskastanien-Miniermotte befallen. Das sind winzig kleine Schmetterlingsraupen, die sich kreuz und quer durch Kastanienblätter fressen und damit den Baum schwächen.

Rosskastanien sind für uns Menschen schwach giftig!

Herbstliche Früchtekette

Kastanien lassen sich zu schönen Ketten auffädeln: Einfach mit dem Handbohrer ein Loch durch jede Kastanie bohren und die Früchte anschließend auf einen Draht fädeln. Besonders hübsch sieht es aus, wenn du auch Hagebutten und andere Früchte mit auffädelst.

bis 15 cm

Vogelbeere

Typisch Zarte Fiederblätter und weiße Blütenschirme; schon ab August mit orangeroten Früchten.

Toller Tierschutzbaum Bis 15 m hoher Baum. Vogelbeerbäume machen mit ihren Früchten viele Tiere satt: Singdrosseln, Amseln, Stare, Kleiber, Gimpel und Mönchsgrasmücken lieben die vitaminreichen Beeren. Im Winter freuen sich Rotdrosseln und Seidenschwänze über übrig gebliebene Früchte. Aber auch Säugetiere wie Siebenschläfer und Mäuse naschen gerne Vogelbeeren. Was zu Boden fällt, wird von Reh, Fuchs und Dachs verspeist.

Schmeckt nicht nur Tieren

Auch wir Menschen können Vogelbeeren essen – aber nur gekocht, roh sind die Früchte für uns schwach giftig. Geerntet werden dürfen sie nach dem ersten Frost, vorher sind sie zu bitter. Als Marmelade schmecken sie am besten.

Jedes Blatt besteht aus 9–15 Fiederblättchen.

Esche

Typisch Das Blatt der Esche sieht aus wie viele einzelne Blätter. Dabei ist es nur in 5–13 Blättchen unterteilt, die alle an einem Blattstiel hängen.

Höhenrekord Bis 40 m hoher Baum. Eschen kannst du oft schon von weitem erkennen, denn selbst im Winter hängen immer noch ihre braunen Früchte an den Zweigen. Oft bleiben sie sogar noch bis zum nächsten Sommer daran hängen. Am wohlsten fühlen sich Eschen an Flüssen und Bächen. Hier ragen sie oft weit über die anderen Bäume hinaus: Eschen zählen zu unseren höchsten Bäumen!

Blatt und typische schwarze Knospe der Esche.

Die Waffen der Römer

Die alten Römer wussten genau, wie großartig Eschenholz ist: elastisch und äußerst stabil zugleich. Sie fertigten daraus die besten Bögen, Pfeile und Speere. So soll Achilles den trojanischen Helden Hektor mit einem Speer aus Eschenholz besiegt haben.

bis 30 cm

Schwarzer Holunder

Typisch Im Sommer mit weißen Blütenschirmen, im Herbst mit unzähligen schwarzen Früchten, die nur roh giftig sind.

Gegen Schnupfen Bis 10 m hoher Strauch oder Baum. Auch wenn der Schwarze Holunder weder Blüten noch Früchte trägt, kannst du ihn bestimmt erkennen: Zerreibe einfach eines seiner Blätter und schnuppere dran: sie stinken wirklich eklig! Dafür duften seine Blütenschirme umwerfend. Die schwarzen Früchte ergeben mit Apfelsaft und Zucker gekocht einen köstlichen Punsch, der jede Erkältung vertreibt.

Nicht roh naschen!

Holunderbeeren werden im Volksmund auch „Fliederbeeren" genannt, obwohl sie mit dem Fliederstrauch wirklich nichts zu tun haben. Gekocht sind Holunderbeeren ein altbekanntes Heilmittel gegen Erkältungen, doch roh genossen sind sie sogar schwach giftig!

Stinkblätter und Duftblüten.

Eiche

Typisch Knorriger Wuchs, tief gefurchte Borke und gelappte Blätter. Im Herbst mit Eicheln im „Eierbecher“.

Baum der Tiere Bis 40 m hoher Baum. Eine einzige alte Eiche bietet über 200 verschiedenen Tierarten Nahrung und Unterschlupf. Etliche Schmetterlinge, Käfer und andere Insekten knabbern an ihren Blättern und verstecken sich in ihren Rindenspalten. Sie werden wiederum von Vögeln wie Waldbaumläufer, Kleiber und Specht gefuttert, die unermüdlich die Rinde nach Fressbarem absuchen. In Astlöchern und Höhlen finden Fledermäuse und der Waldkauz Unterschlupf.

Im Winter erkennst du Eichen an ihrem knorrigen Wuchs.

Echte Eicheljahre

Eichen tragen nur alle paar Jahre richtig viele Früchte – solche Jahre heißen „Mastjahre“, weil früher dann die Hausschweine zum Fressen in die Wälder getrieben wurden. Aber auch Wildschweine, Eichhörnchen und Eichelhäher mögen die nahrhaften Früchte.

3–10 cm

Efeu

Typisch Blätter, die oben am Licht wachsen, sehen ganz anders aus als die bekannten Efeu-„Schattenblätter“.

Freeclimber Bis 30 m hoch kletternd. Der Efeu ist als einziger unserer heimischen Sträucher in der Lage, mit klebrigen Haftwurzeln an Gemäuern oder Bäumen emporzuklimmen. Befindet sich nichts zum Hochklettern in seiner Nähe, so kriecht er auch gern meterweit über den Waldboden und bildet her einen flachen Teppich aus Blättern. Dann nutzt er aber die nächstbeste Gelegenheit, um wieder hoch in Richtung Licht zu klettern.

Verkehrte Welt

Der Efeu macht es genau andersherum als alle anderen: Er blüht im Herbst und seine Früchte sind im Frühling reif. Im Herbst ist er so eine tolle Nahrungsquelle für Bienen und Wespen und seine Früchte machen von Februar bis April viele Vögel satt. Für uns sind sie jedoch giftig!

Blüten, Früchte und „Lichtblätter“ des Efeus.

Weißdorn

Typisch Viele weiße Blüten und viele Dornen. Rote Früchte im Spätsommer.

Vogelschutzgehölz Bis 10 m hoher Strauch oder Baum. Der Weißdorn ist einer unserer häufigsten Sträucher in freier Natur. Er wächst nicht nur häufig an Waldrändern, sondern auch in Hecken und an Straßenböschungen. Wo der Weißdorn sich ausbreiten darf, da bildet er bald ökologisch wertvolle, undurchdringliche Dornenhecken. Hier können Vögel gut geschützt Nester bauen und ihre Küken großziehen.

Die Früchte sind essbar, schmecken aber mehlig.

Gut für Tiere und fürs Herz

Im Mai und Juni durchziehen überall weiß blühende Weißdornhecken unsere Landschaft. Die Blüten ziehen Unmengen von Fliegen, Käfern, Bienen und Hummeln an. In der Medizin werden Blüten und Blätter zu Tee verarbeitet, der das Herz stärkt.

bis 10 cm

Feld-Ahorn

Typisch Seine Blätter sind fast bis zur Mitte in 3–5 Lappen eingebuchtet. Der Blattrand hat keine Zähnchen und keine Spitzen.

Fühlt sich auch in Städten wohl Bis 20 m hoher Baum. Der Feld-Ahorn ist ein recht robuster und anspruchsloser Baum, der rasch wächst, dann aber mit 5–15 m seine endgültige Höhe meist schon erreicht hat. Da er nicht allzu groß wird, ist er als Straßenbepflanzung in Städten beliebt. Auch als Bodenfestiger an Böschungen wird er gerne gepflanzt. Es gibt mehrere Zuchtformen, die in Parks wachsen.

Schau mir auf die Früchte

Unsere 3 häufigsten heimischen Ahorn-Arten lassen sich leicht anhand ihrer Früchte voneinander unterscheiden: Nur beim Feld-Ahorn stehen im Gegensatz zu Spitz-Ahorn und Berg-Ahorn die beiden Flügel der Samen fast waagerecht auseinander.

Blüten und Früchte des ähnlichen Berg-Ahorns.

Platane

Typisch Oft in Städten und Parks gepflanzt, leicht an ihrer abblätternden Rinde zu erkennen. Kugelige, walnussgroße Früchte baumeln an langen Stängeln.

Kein Ahorn Bis 35 m hoher Baum. Die Blätter der Platanen in unseren Städten sehen aus wie Ahornblätter. Deshalb wird sie auch oft „Ahornblättrige Platane“ genannt. Doch an ihrer gemusterten Rinde erkennst du sofort, dass es kein Ahorn sein kann. Auch die kugeligen Früchte, die oft noch im Winter wie Weihnachtskugeln an den kahlen Ästen hängen, verraten die Platane.

Die Rinde löst sich in Platten ab.

Können Bäume platzen?

Im Sommer kannst du oft viele dünne Rindenplatten unter einer Platane finden. Das ist keine Baumkrankheit und auch nicht schlimm, sondern ganz natürlich. Wenn die Platane in die Dicke wächst, dann platzt ihre äußere Haut ab und darunter kommt eine neue zum Vorschein.

Wo im Buch steht was?

Die Autoren

„Spannend muss es sein – und Spaß machen!“

Das Biologenpaar Katrin und Frank Hecker verfasst seit vielen Jahren erfolgreich Naturreportagen für Zeitschriften sowie Naturbücher im In- und Ausland für viele verschiedene, namhafte Buchverlage.
Inspiriert durch die eigenen Kinder ist eines ihrer Steckenpferde das Schreiben familien- und kindgerechter Naturführer, nach dem Motto: „Spannend muss es sein – und Spaß machen!“ Katrin und Frank Hecker haben ein eigenes, abenteuerliches und mehrere Hektar umfassendes Wildwuchs-Naturgrundstück mit Wald, Wiese und Bach. Mit unzähligen wilden und zahmen Tieren sowie den eigenen Kindern haben sie das, worüber sie schreiben, selbst erlebt, in der Praxis erprobt und die spannendsten Dinge davon aufgeschrieben.
Beim Verlag Eugen Ulmer erschienen von ihnen unter anderem zahlreiche Naturkalender, Bestimmungsbücher für Kinder sowie „Das große Naturerlebnisbuch“, „Natur entdecken rund ums Jahr“ und der „Naturführer für die Familie“.
www.naturfoto-hecker.com

Hier können Sie weiterlesen

Vögel ganzjährig füttern? Die erfahrenen Autoren erklären, wie es richtig geht: geeignetes Futter, Vorlieben der Vögel, Bedarf im Jahresverlauf, Futterarten, Futterstellen und selbst gemachtes Futter. Besonders am Herzen liegt ihnen die vogelfreundliche, naturnahe Gartengestaltung: Hier finden Sie alles über die besten Pflanzen, Pflanzpläne und wie Sie natürliche Nahrung, Nistmöglichkeiten und Verstecke im Garten schaffen. Mit Porträts von 35 Gartenvögeln.

Vögel füttern im Garten. Ganzjährig und naturnah.
Norbert Schäffer, Anita Schäffer. 2017. 127 Seiten, 87 Farbfotos, 5 Tabellen, kart. ISBN 978-3-8001-0294-5.

Bildquellen

Die Fotos im Innenteil und auf dem Umschlag stammen von Frank Hecker mit Ausnahme der Folgenden:
Heiko Bellmann/Frank Hecker: Umschlag vorn unten (Gänseblümchen); Blickwinkel über Hecker/König: S. 233; Blickwinkel über Hecker/Layer: S. 33; Blickwinkel über Hecker/Schulz: S. 52; Wolfgang Buchhorn/ Frank Hecker: S. 76, 77, 91, 104; Alfred Limbrunner/Frank Hecker: S. 79; Eckhard Mestel/Frank Hecker: S. 36, 80, 81, 105

Die Zeichnungen fertigte Paschalis Dougalis mit Ausnahme der folgenden: Seiten 182 bis 215: Lutz-Erich Müller.
Illustrationen Fuchs: Fariba Gholizadeh.
Icons Lebensräume, Blattformen und Blütenformen: Stefan Dehmel.

Haftung

Die in diesem Buch enthaltenen Empfehlungen und Angaben sind von den Autoren mit größter Sorgfalt zusammengestellt und geprüft worden. Eine Garantie für die Richtigkeit der Angaben kann aber nicht gegeben werden. Autoren und Verlag übernehmen keinerlei Haftung für Schäden und Unfälle.

Bibliografische Information der Deutschen Nationalbibliothek
Die Deutsche Nationalbibliothek verzeichnet diese Publikation in der Deutschen Nationalbibliografie; detaillierte bibliografische Daten sind im Internet über http://dnb.d-nb.de abrufbar.

Wollgrasweg 41, 70599 Stuttgart (Hohenheim)
E-Mail: info@ulmer.de
Internet: www.ulmer-verlag.de
Lektorat: Ina Vetter
Herstellung: Silke Reuter
Satz: r&p digitale medien, Echterdingen
Druck und Bindung: Livonia Print, Riga, Lettland
Printed in Latvia

ISBN 978-3-8186-0914-6